The truth of energy policies

誤解だらけの電力問題

竹内純子
Sumiko Takeuchi

誤解だらけの電力問題

目次

序 エネルギー政策の理想と現実

第1部 エネルギーに関する神話

3 電力会社の思考回路にまつわる神話

第2部 エネルギーに関する基本

1 電気はどこでどう作る

第3部 電力システムの今後

序

エネルギー政策の理想と現実

消費者は変わった。電力会社は変わらないのか

　東日本大震災をきっかけとした東京電力福島第一原子力発電所事故（以下、東電福島原子力事故）によって、日本のエネルギー政策に対する世論は大きく変わりました。もちろん、以前から全面自由化や発送電分離など電力システムの一層の改革や、再生可能エネルギー（以下、再エネ）の活用、原子力発電の廃止を求める動きはありましたが、ここまで明確にひとつの世論となったのは、やはり東電福島原子力事故による変化でしょう。

　多くの人が、それまで電力に無関心で、使いたいときに使いたいだけ使ってきたことを反省し、これまでの電力システムを見直すべきだと考えるようになりました。それなのに、電力会社は相変わらず原子力発電を推進し、再エネに難色を示し、自由化には批判的であるように見えます。なぜ世論は変わり消費者は新しい電力システムを求めているのに、肝心の彼らは変わろうとしないのでしょうか。既得権にしがみつき、自分たちの利益を守ろうとする「懲りない面々」なのでしょうか。

それが証拠としてよく言われることをまとめると、次の3点になるのではないでしょうか。

○電力会社は「脱原発」は無理だと言うが、ほとんどの原子力発電所が止まっていても問題は起きていない。

○電力会社は「再エネはコストが高い」とか「不安定だ」と言うけれど、ヨーロッパでは再エネが主力電源になっている国もある。

○電力会社は総括原価方式と地域独占にしがみついて電力自由化を阻止してきたため、日本は世界一電気料金が高い。

なぜ原子力発電所の再稼働を求めるのか？

改めて考えると、勧善懲悪の時代劇に出てくる悪代官でもない彼らが、なぜ懲りないのでしょうか。最も不思議なのは今、電力会社が原子力発電所の再稼働を求めていることでしょう。もし自分がどこかの電力会社の経営者だったら、と想像してみてください。

東電福島原子力事故が起こるまでは、東京電力は明らかに日本の電力会社のリーダー的存在でした。首都圏を顧客にしているので売上や販売電力量がずば抜けて多く、「電力業界の長男坊」と言われた東京電力が、一夜にして日本有数の安定した優良企業の立場から陥落し、今や国有化されています。その様を、ほかの電力会社は間近で見てきました。東京電力の当時の会長や社長は、原発事故を起こした責任を追及され「天下の極悪人」のごとく批判されています。万が一ですが、自社の原発を再稼働して事故を起こせば、彼らと同じかそれ以上に批判を受けることを覚悟しなければなりません。任期を安泰に過ごしたいサラリーマン社長であれば「自分が社長の間は原発を再稼働するのはやめたい」と思うのが普通ではないでしょうか。

燃料が輸入できなくなり供給不安が起きたとしても、あるいは化石燃料の調達コスト増大で電気料金が高騰しても、それは国際政治あるいは燃料市場の問題であり、自分が土下座させられる事態にはなりません。もちろん顧客からの不満やバッシングはあるでしょうが、ライバル会社もいまはほとんどありませんし、新規事業者も燃料を調達して発電する点において変わりはないので、顧客が離脱して倒産ということは考えにくいでしょう。

温暖化の問題は「民間事業者が気にする話ではない」と割り切れば、火力発電頼みの現状でも、電力会社の経営としては問題ないはずです。私が今、その立場にあれば、いかに原発再稼働から逃げきるかに頭を巡らせ、燃料費上昇分を原価として電気料金で回収することに体力を使います。

原発が止まり電源不足であると言うなら、再エネの導入が進めば助かるはずでしょうに、なぜ渋い顔をするのでしょうか。再エネのコストが高くてもそれは回収できるはずで、電力会社の収支を圧迫することにはならないでしょう。

自由化に批判的なのはなぜなのでしょう。電力自由化は、これまで法律や規制で縛られていた事業者を自由に解き放つことのはずです。電力各社は震災後、燃料費の増加に耐えきれず値上げを申請しましたが、査定によって値上げ幅を相当圧縮されました。自由化されていれば、自由に値段を設定することができたはずです。

それなのになぜ、電力会社から聞こえてくる声は相変わらず「原子力を再稼働したい」「再エネは不安定で高い」「自由化には慎重に」なのでしょう。こう考えると、何が彼らにそう言わせているのか、不思議になってきませんか。

電力には「神話」が生まれやすい

電気ほど現実的な商品はありません。電気は貯められないため、必要な量を必要とされるタイミングで生産せねばなりません。また、インフラ中のインフラとして社会の基盤を支える役割を背負い、その途絶は社会生活を大混乱に陥れます。「足りなくなる恐れもありますが、まぁ大丈夫でしょう」などという曖昧さは、絶対に許されません。

こうした電気の物理的・社会的性質から、電気事業は、燃料調達においても技術の取り入れにおいても、夢を見ることが許される度合いが極めて低いのです。

それなのに、なぜか電力には「神話」が生まれやすい。原子力の安全神話ばかりではありません。新たな資源が発見されたから大丈夫、新技術が開発されたから大丈夫、再エネが普及すれば大丈夫、どこかの国ではうまくやっているから真似すれば大丈夫。

その神話を信じる者は、本当に救われるのでしょうか。

この本でお伝えしたいこと

この本では、まず第1部で巷に蔓延する、電力にまつわる「神話」の現実をお伝えします。再エネで自給自足が可能であるという神話、ドイツのエネルギー政策はすべてうまくいっているという神話、そして電力会社は既得権益にしがみついているという神話（魔女論？）です。すでにある程度の知識を持っている方は、第1部から読み進めてみてください。これまでとは違う視点をご紹介できるかもしれません。

第2部では、基本的な理解のために、電気はどう作られ、どう送られ、どう使われるのかをお伝えし、エネルギー政策の基本的な考え方について日本の歴史をなぞりながらご紹介します。今までエネルギーについて興味も知識も持っていなかったという方は、第2部から読んでいただいたほうがわかりやすいかもしれません。

第3部では、今後日本の電力システムはどうあるべきか、その担い手にはどうあってほしいのか、東京電力に勤めていたという限られた経験ではありますが、電力会社の思考回路を踏まえながらお伝えします。

なお、エネルギーという言葉は通常、化石資源やウラン燃料などの「一次エネルギー」を指しますが、この本では電力とエネルギーという言葉を厳密には区別していません。

エネルギー政策の議論には、電気の物理的・技術的特性は当然のこと、外交や国際情勢、環境問題、経済学など、とにかく幅広い知識と視点が必要です。だからと言って身構えないでくださいね。いわゆる有識者や専門家と言われる方たちでも、すべてを網羅できている人は、実はほとんどいません。

この本が、コンセントのその先やスイッチの向こう側に、皆さんが興味を持ってくださるきっかけになれば嬉しいです。

第Ⅰ部

エネルギーに関する神話

1 再エネ神話の現実

東電福島原子力事故以降、急速に注目度が高まった再エネ。燃料いらずの電源であり、新たな投資を誘発するパワーも持つとして、原子力発電に代わるヒーローとして期待する人が多いようです。再エネで自給自足は可能なのでしょうか。この章では、再エネ神話の光と影をご紹介したいと思います。

わが家が発電所になった！

「自給自足」「地産地消」。巨大化し複雑化した社会で、足元を大事にした生活に憧れる気持ちが膨らむのでしょうか。自給自足の生活を営むことはかなり困難ですが、自宅に太陽光発電を導入してエネルギーだけでも自給自足にしたいと思う方は多いようです。私もいつか一戸建てに住めるようになったら太陽光発電をつけようと思っていました。

夢が叶ったのは２０１０年末。初期投資額の大きさに尻込みしましたが、東京都と区から合わせて約１００万円の補助金を受けられると聞いたこと、エネルギー自給自足への憧れ、そして停電のときにもわが家だけは助かりたいという姑息な気持ちが勝り、自宅の新築に合わせて太陽光発電を導入しました。

わが家が購入した太陽光発電システムは

・発電設備容量：3・7kW（国内メーカー）
・初期費用（工事費込）：304万円
・補助：国と区から合計100万円
・初期費用自己負担分：204万円

設備設置の後、申請を経てわが家は正式に経済産業大臣に認定される発電事業者になりました。

当初は嬉しさ半分、興味半分で、発電量を示すパネルをしょっちゅうのぞき込んでいました。このようにエネルギーを身近に感じ楽しめるのは、再エネの長所ですね。でもずっと見ていてわかったことは、太陽光発電は少なくとも現在の技術では「頼ることのできる自立した発電手段ではない」ということです。

理由のひとつは、その気まぐれな働きぶりです。勤務時間とも言える稼働の時間帯は「9～17時」です。しかも二日酔いのサラリーマンよろしく、朝はボチボチの様子見運転、おやつの時間を過ぎればそわそわと帰り支度を始めるといったふうで、真面目に働いているのは正午を挟む数時間のみです。雲が出れば不機嫌になり、雨が降ったら当然のごとく全く働こうとしません。小型とはいえ経済産業大臣に認定される立派な発電所なのに、です。

日本における太陽光発電の平均稼働率は12％程度にすぎないという知識は持っていましたが、太陽を燦々と浴びたパネルがせっせと発電するイメージばかりが頭に浮かび、実際の働きぶりを想定できていませんでした。

導入から3年と3カ月＝24時間×30日×39カ月＝2万8080時間ですから、この設備が24時間フル稼働すれば、3・7kW×2万8080H＝10万3896kWh発電できた計算になります。しかしこれまでの総発電量は1万5830kWhでしたので、稼働率は15％だったことがわかります。設備が新しいからでしょうか、若干平均を上回る程度は働いてくれたようですが、オーナーを満足させてくれる働きぶりではありませんでした。

ふたつ目の理由は、頼りにしたいときに頼りにできないことです。太陽光発電に最も頼りたいのは、災害などで電力会社からの電力供給が途絶したとき、要は一帯が停電しているときです。昼間であれば、停電が起きても太陽光のおかげで冷蔵庫の中の食品が助かる。それなら高い買い物ではないと思ったのです。

しかし、停電が起こると太陽光発電も自動で運転を停止してしまうのです。在宅していれば手動で太陽光発電を自立運転に切り替え、屋内に設置されたパワーコンディショナーにひとつだけあるコンセントに接続して多少の電気を使うことはできます。

ただし、最大15A（アンペア）まで、しかも発電される電気が不安定なので使える電化製品は限定されます。450リットルの冷蔵庫であれば2・5A程度とされていますので、パワーコンディショナーのコンセントに冷蔵庫をつなげれば急場をしのぐことはできそうですが、エアコンなどを使うのは難しそうです。パワーコンディショナーからそれぞれの機器の距離が遠いこともあって、停電時に太陽光発電で自立するというのは現実的ではないことがわかりました。

太陽光発電の取扱説明書の文言を引用します。

〈停電時の使い方〉
停電のときでも日射があればパワーコンディショナーを運転させ、発電した電力を自立運転出力コンセントに供給（ＡＣ１００Ｖ、最大15Ａ）します。
＊運転開始時の電流が大きい電気製品は使用できない場合があります。
◎重要
パワーコンディショナーから供給される電力は、日射量により出力が変動するため不安定な電力となります。よって、電力供給の変動により、損傷する恐れのある機器や使用上問題がある機器（バッテリーのないＰＣ・メモリー機能のある機器等）への接続はしないようにしてください。
〈警告：特に生命に関わる機器への接続は、厳禁とします〉

「エネルギーの自給自足」を標榜するのであれば、悪天候時や夜間、電力会社からの送電が止まったときにも自立しているべきでしょう。いざというときに電力会社からの電気を使うのであれば、電力会社は発電設備を減らせないので、燃料費の節減は可能ですが、設備を節減することにはならないからです。

そのため、わが家では蓄電池の導入も検討しました。今ほど商品数は豊富ではありませんでしたが当時も家庭用蓄電池は販売されており、容量によって大きな開きがあるものの、数十万から100万円程度であったように記憶しています。結局、蓄電池の購入は諦め今に至っています。安価な蓄電池などが開発されるまでは、エネルギー自給自足を成し遂げるのは難しいことが、太陽光発電を導入してみてよくわかりました。

再生可能エネルギーとは

再生可能エネルギー、新エネルギー、低炭素電源、自然エネルギー、グリーン電力。似たような言葉がたくさんありますね。皆さんイメージでなんとなく理解はされているのですが、日本のいくつかの法律では微妙に異なる定義をしています。

再エネは、「エネルギー源として永続的に利用することができると認められるもの」とされています。新エネルギーは、再エネの中でも特にコストが高くて普及が十分でないものを指します。低炭素電源（法律では「非化石エネル

図1-1 エネルギーの定義

非化石エネルギー源（エネルギー供給構造高度化法）

電気・熱または燃料製品のエネルギー源として利用することができるもののうち、化石燃料以外のもの

原子力など

再生可能エネルギー源（エネルギー供給構造高度化法）

Ⅰ 太陽光、風力その他非化石エネルギー源のうち、エネルギー源として永続的に利用することができると認められるもの

Ⅱ 利用実効性があると認められるもの

大規模水力、地熱（フラッシュ方式）、空気熱、地中熱

新エネルギー源（新エネ法）

Ⅰ 非化石エネルギー利用等のうち、

Ⅱ 経済性の面における制約から普及が十分でないものであって、

Ⅲ その促進を図ることが非化石エネルギーの導入を図るため特に必要なものと定義されている

太陽光、風力、中小水力、地熱（バイナリー方式）、太陽熱、水を熱源とする熱、雪氷熱、バイオマス（燃料製造・発電・熱利用）

海洋温度差
波力
潮流（海流）
潮汐

資源エネルギー庁HPより筆者加筆

ギー源」と表現されています）は発電するときにCO_2を排出しないということですので、再エネのほかに原子力も含みます（図1-1）。

ただ、この定義が絶対というわけでもありません。例えば水力発電は発電時にCO_2を排出しませんし、水の位置エネルギーを使うだけで水を消費してしまうわけでもありません。再エネであり低炭素電源ですが、大規模水力発電は自然に一定程度影響を与えるということで排除し、中小水力のみを再エネとして認めるなど、規模によって分けて扱う場合もあります。また、薪炭や家畜の糞など「伝統的バイオマス」は肺疾患など健康に害があることがわかっているため、国際エネルギー機関の定義では再エネから除外されています。

図1-2 震災前後の電源構成

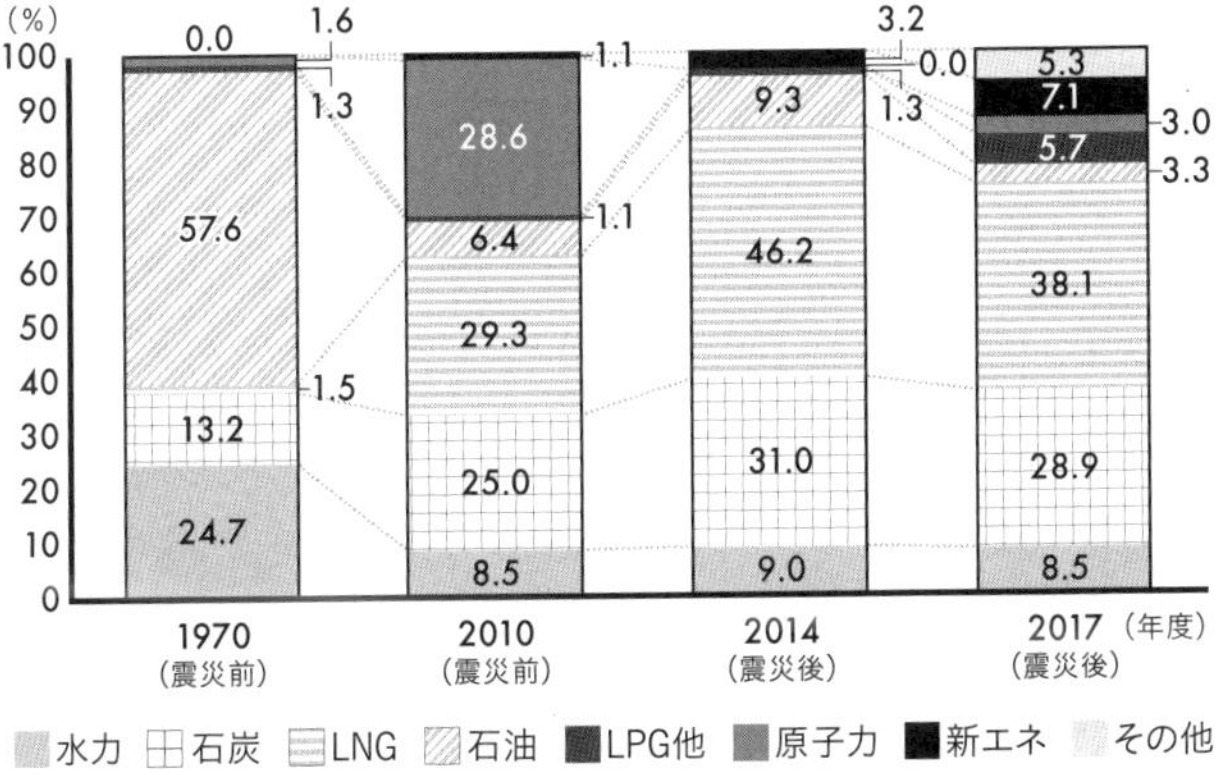

注：1．1970年度は9電力計、2010、2014、2017年度は10電力計
　　2．LPG他はLPG、その他ガス
出典：電気事業連合会

日本は今、どのくらい再エネを活用しているのでしょうか。日本の電源構成を見てみましょう（図1-2）。

もともと日本は水資源が豊富で、大規模水力が主力であった時代も長く、今も一般水力と揚水発電所（電気のエネルギーを水の位置エネルギーに変え、蓄電池のような役割をする発電所。79ページ参照）合計で8・5％と、それなりの発電量があります。

太陽光、風力を中心に新エネルギーも急速に増えていますが、まかなう電気の量から言えばまだ7％程度です。原子力発電に代わる手段として期待されることが多いのですが、東電福島原子力事故前に原子力が担っていたのは発電電力量の25％以上でしたので、代替手段にするというのは、今の時点では「桁が違う」のです。

再エネ技術のあれこれ

政府が今、普及支援に力を入れているのは、太陽光・風力・地熱・水力（中小）・バイオマスによる発電の5種類。それぞれの技術とその現状について簡単に整理します（図1-3）。

再エネの電気、本当はおいくら？

「再エネはコストが高いと言うけれど、燃料費がかからないのだから長い目で見れば安いはず」「原子力発電には、わけのわからないコストがいろいろかかっているのでそれを含めたら再エネより高いはず」。モノを買うときに値段は最も大事な情報であるにもかかわらず、「～のはず」という憶測やイメージがベースで語られることが多い再エネのコスト。

政府は、東電福島原子力事故を踏まえて、2011年に各電源のコストを検証する委員会を設置し、2015年には最新の状況を踏まえて再検証を行いま

図1-3 再エネ技術の特徴

	概要	長所	短所
太陽光	・太陽の光のエネルギーを電気エネルギーに変換 ・日本での平均稼働率は12%	・日中電力需要の多いときに発電(ただし気温が高いと効率低下。真夏のピークカット効果は限定的) ・建物の屋根や壁面などに設置可能	・夜間や悪天候時には発電できない ・建物の耐震性能により設置不可の場合も ・広大な土地が必要 ・廃棄の際の環境負荷。特に住宅用は不法投棄の懸念も
風力	・風の力で風車を回して発電 ・平均稼働率は20%(陸上風力の場合。洋上は30%) ・世界で唯一の「浮体式洋上風力」が福島県沖で実証実験中	・時間帯・天候に関係なく風が吹けば発電できる	・日本で安定した風が吹く場所は北海道、東北の一部のみ ・鳥などが羽根にぶつかり死んでしまうことも ・回転する羽根の影による明暗や騒音・低周波音の被害(陸上)、漁業への影響(洋上) ・出力の振れ幅が大 ・送電網整備に莫大なコストが必要
地熱	・地中深く(地下数百mから3km程度)から取り出した蒸気で発電 ・平均稼働率は80%	・安定的に発電 ・地熱発電のタービン製造に関しては、日本メーカー3社で世界シェアの7割を占める ・日本は、アメリカ、インドネシアに次いで世界第3位の地熱資源量(2,347万kW)を保有	・資源量の約8割は自然公園の中。自然保護と開発のバランスが必要 ・送電網整備に莫大なコストが必要 ・開発に長いリードタイム(通常10年以上)と大きな初期投資が必要 ・温泉資源の枯渇を心配する温泉事業者との調整が必要
中小水力	・水の流れで発電 ・平均稼働率は60%	・ビル内の水循環や農業用水など、小さい流量や落差を有効活用	・水利権との調整が必要 ・細かいゴミを取り除くなど維持管理に手間
バイオマス	・動植物から生まれる生物資源を使って発電 ・平均稼働率は80%	・木質・建築廃材、食品廃棄物・生活廃棄物、農産物・農業廃棄物・家畜の排泄物など資源の有効活用が可能 ・燃料調達に手間がかかるため地域に雇用を生む ・人間がコントロール可能	・未利用材を使う場合には、既存用途との競合が懸念(食料・木材など)

エネルギー・環境会議コスト等検証委員会報告書等を参考に、筆者作成

した。

1kWhの電気のコストは、1基の発電所にかかるコストすべてを、その発電所が生涯で生み出す電気の量で割って計算します。かかるコストには、設備の建設費や運転・維持にかかるコスト、燃料費、国が負担していた立地のための交付金や研究開発費、原子力発電については事故の対応コスト（9・1兆円）や現在行われている安全対策コスト（601億円）を計上し、火力はCO_2排出の対策費用などを含みます。

燃料費に大きく影響する為替は、2014年の平均値である1ドル＝105・24円で計算しています。また、今後の火力発電の燃料費上昇、火力発電や再エネにおいて技術革新によるコストダウンや高効率化が図られるという「将来予測」も加味しています。ただし、太陽光・風力といった不安定な再エネが大量に導入された場合に必要となる送電網整備などのコストは、個別電源コストに加えることはしていません。どの電源のコストとすればよいか、判断ができないためです。

発電電力量をどれほど見込むかも、1kWh当たりのコストに大きく影響します。太陽光や風力は、日照や風況によって設備の稼働が左右されますので、太陽光（住宅）はこれまでの実績から稼働率12％、稼働年数30年とし、風力（陸上）は風車の大型化などによってより多く発電できるようになることを見込み、稼働率20〜23％、稼働年数20年とされました。火力や原子力は点検等で停止する期間もあるので、一律70％稼働年数40年で計算されています。

仮定のもとの試算ですから傾向をつかめれば十分ですが、やはり原子力、石炭火力、ＬＮＧ火力といった大規模安定電源のコストに比べて、再エネのコストは高い傾向にあります。コストが高い再エネを普及させるには、誰かがそのコストを負担しなければなりません。コスト負担なしに何かを得る魔法なんて、この世の中にはないのです。

再エネの普及を後押しする政策——再エネ支援策のこれまで

そもそも再エネに限らず、新しい技術に対する政府の支援策は、その技術の開発・発展段階に合わせて変化します。技術開発の初期段階においては研究・開発に対する直接的支援が、技術的に確立されてもコストが高いために普及し

図1-4 主な電源の発電コスト

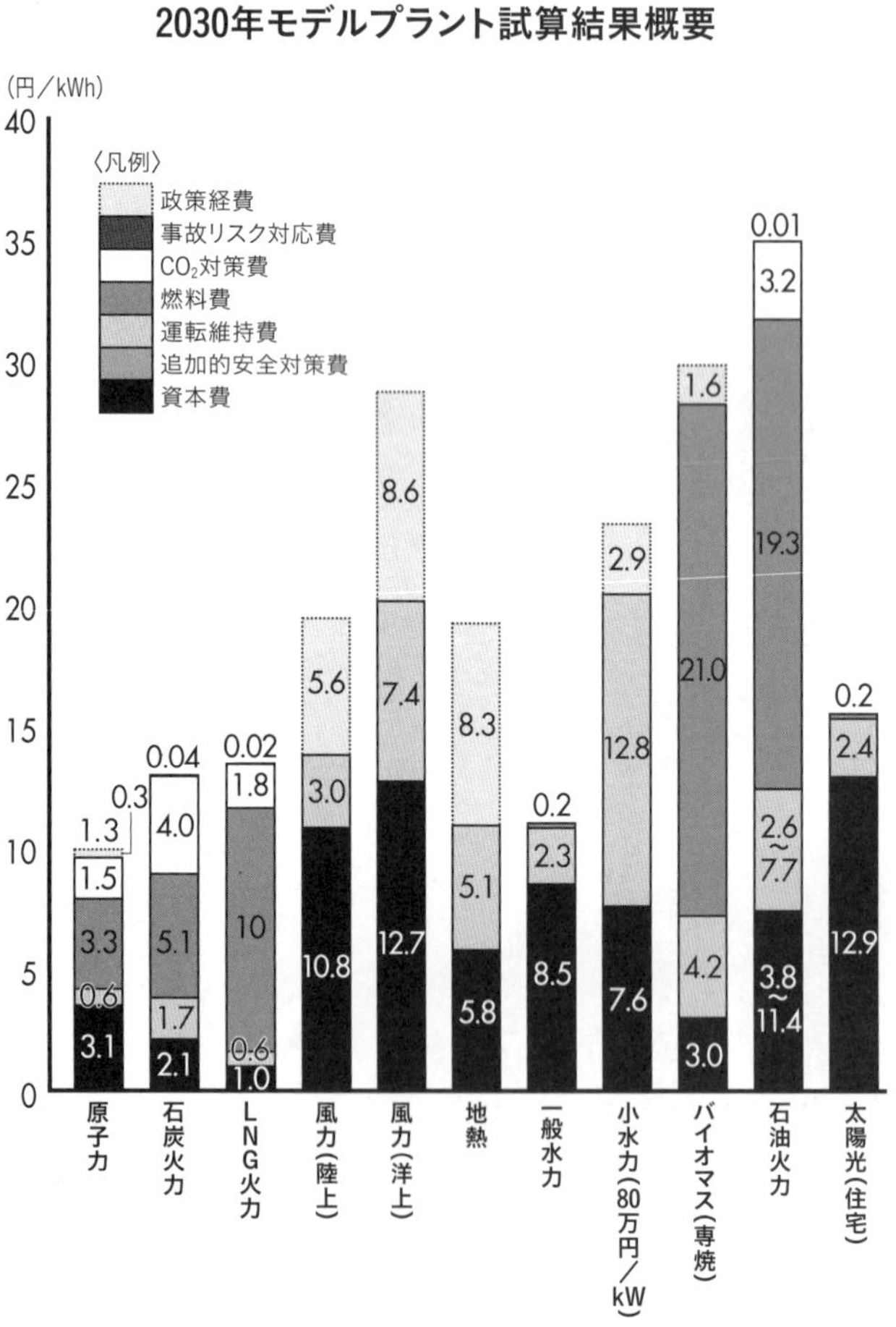

出典：発電コスト検証ワーキンググループ／「長期エネルギー需給見通し小委員会に対する発電コスト等の検証に関する報告」より抜粋

ない段階においては経済的支援策が求められるようになり、そのうち何の支援策がなくても市場で選ばれるようになっていきます。

再エネは新しいテクノロジーというイメージがあるでしょうが、実は古くて新しい技術です。太陽電池の原理については1839年に発見され、実際に太陽電池が発明されたのは1954年のことでした。日本においてはオイルショックをきっかけに、エネルギー源の多様化のため再エネの技術開発支援が必要であると考えられるようになりました。

1974年から「サンシャイン計画」という再エネの技術開発支援プロジェクトがスタートしました。1978年には省エネ技術の開発支援である「ムーンライト計画」もスタート、1993年からはサンシャインとムーンライトを統合した「ニューサンシャイン計画」として再エネ・省エネの技術開発やコストダウンに取り組んできたのです。これらのプロジェクトに費やされた予算は、約1兆4000億円に上るとされています。

技術開発に対する直接的支援の段階を過ぎると、普及を後押しする経済的支援策に軸足が移ります。設備導入の際の税金優遇や補助金、債務保証と言って事業者が資金調達をするときに政府が保証すること（事業者が倒産したら政府が補填する必要があります）、あるいは発電電力量の一定割合を再エネによるものとする義務を電気事業者に課すＲＰＳ（Renewables Portfolio Standard）や、電力価格に固定のプレミアムを上乗せする方法、そして固定価格での買い取りを保証する全量固定価格買取制度（Feed-in Tariff、以下ＦＩＴ、図1-5）などの施策があります。

日本も補助金による支援、電気事業者への再エネ導入量の義務づけ（ＲＰＳ）などを行ってきましたが、２０１２年7月にＦＩＴを導入しました。

これらの施策にはそれぞれに短所も長所もあります。日本でも、２００３年から２０１２年まで導入されていたＲＰＳは、事業者に課された一定の割合を超えて再エネが拡大普及することはあまり期待できませんでした。事業者はできるだけ安く再エネを調達しようとしますし、消費者の負担もある程度見通せるのですが、再エネを一気に拡大するパワーにおいては弱いと言えるでしょう。ＦＩＴは再エネを拡大するパワーは強いものの、消費者のコスト負担をコントロールできません。この後、詳しくお話しします。

図1-5 FITの基本的な仕組み

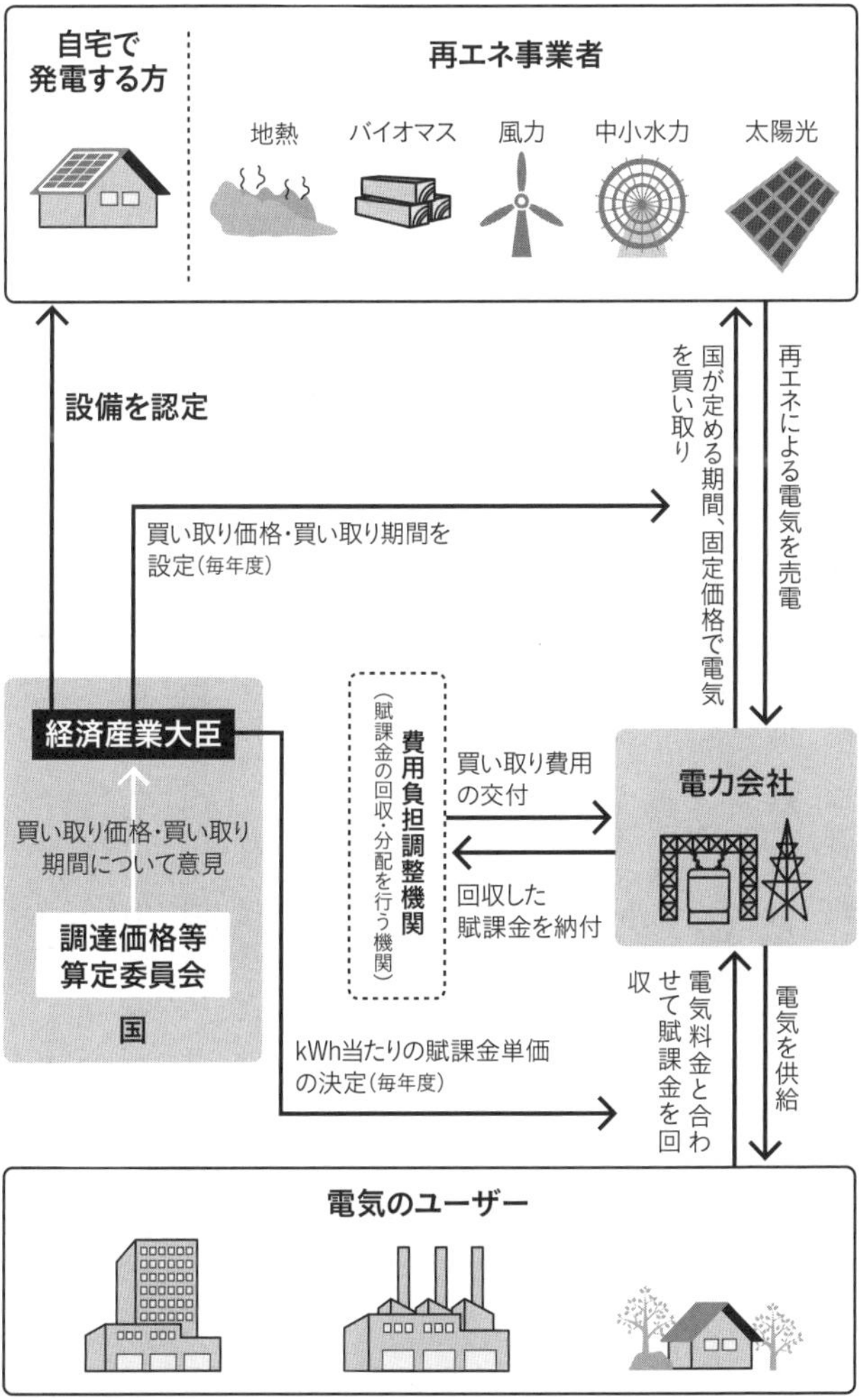

資源エネルギー庁HPに筆者加筆修正

全量固定価格買取制度（FIT）の落とし穴

わが家に太陽光発電システムを設置するにあたっては、補助金のおかげで軽減できたものの約200万円が初期費用の自己負担分として残りました。この200万円がそっくりそのまま自分の負担になるとしたら、太陽光発電には手を出しづらいですよね。そのため、この費用をあとから回収できる制度が用意されています。それが、ドイツやスペインなどで先行して導入されていたFITです。

電力会社は、再エネ事業者が発電した電気は全量（住宅用太陽光〈10kW未満〉は自己消費分を除いた余剰電力）を固定の価格で長期間買い取ることを義務づけられています。買い取り価格は政府の委員会が決定して経済産業大臣が毎年度告示します。その発電設備が認定された年度によって、その設備が発電する電気が1kWhあたりいくらで買い取られるかが決まります。

再エネ買い取りにかかった費用は、毎月の電気料金に乗せて（賦課金）広く消費者が負担します。電力会社は再エネ買い取り費用のすべてを消費者の負担として求めてよいわけではありません。再エネの電気を買ってくることで、自分は発電しないで供給できているので、発電をしなかったことで節約できた費用を差し引いた上で、「賦課金」を算出します。

私の家の検針票を見てみると（図1-6）、下側が太陽光発電の電気の売電についての検針結果です。月による変動も大きいものの年間で15万円程度の売電収入がありました。

初期費用の自己負担分が約200万円だったので、単純計算では13・3年で回収できる計算になります。太陽光発電システムの法定耐用年数は17年であり、導入13・3年目以降の売電分は太陽光事業による「儲け」として手元に残ることになります。

ただし国が定めた10年間の買い取り期間終了後の買い取り価格は、電気事業者との合意で決定するものとされており、今の買い取り価格が続くわけではありません。また、太陽光発電システムのパワーコンディショナーは10〜15年程度で劣化してしまい、取り換えるのであれば20〜30万円程度費用がかかるとされています。廃棄のコストも必要になりますので、わが家の太陽光発電がプラ

図1-6 我が家の検針票

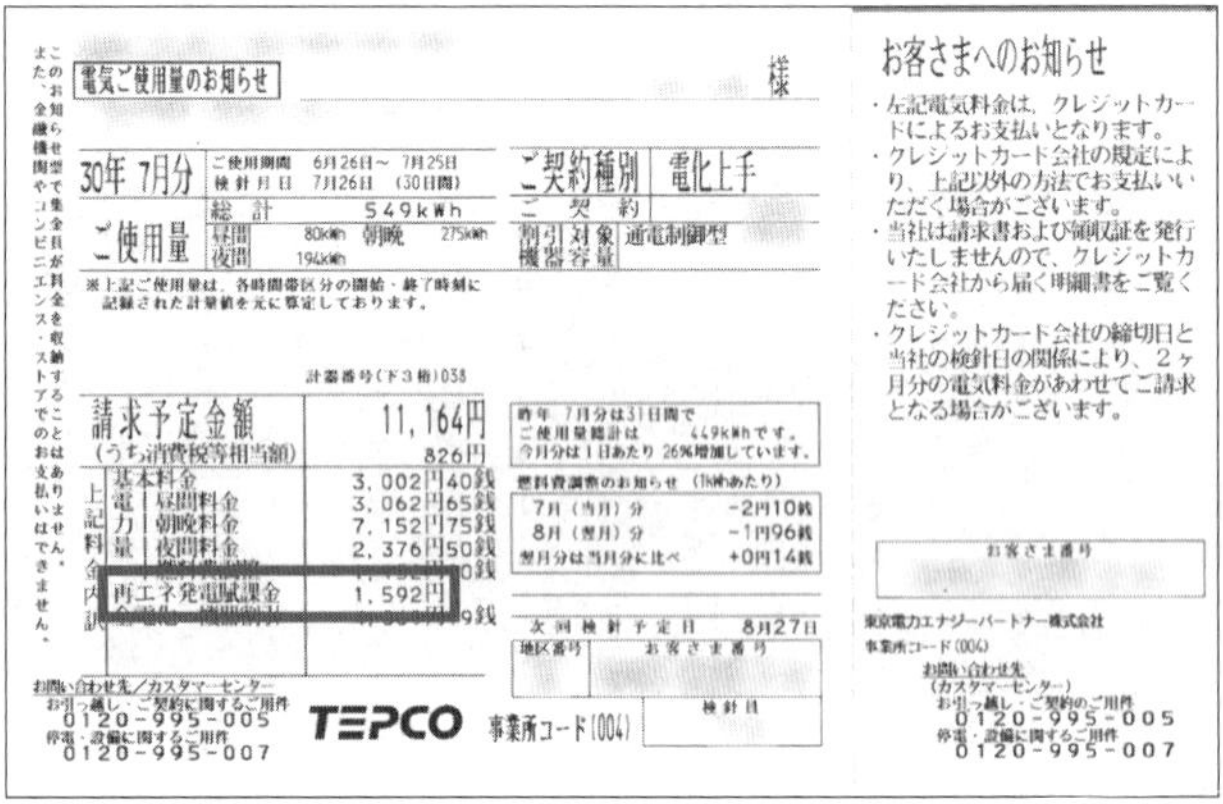

このお知らせ票で集金員が料金を収納することはありません。
また、金融機関やコンビニエンス・ストアでのお支払いはできません。

電気ご使用量のお知らせ

様

30年 7月分	ご使用期間 6月26日〜 7月25日 検針月日 7月26日 (30日間)	ご契約種別	電化上手
ご使用量	総計 549kWh	ご契約	
	昼間 80kWh 朝晩 275kWh 夜間 194kWh	割引対象 機器容量	通電制御型

※上記ご使用量は、各時間帯区分の開始・終了時刻に記録された計量値を元に算定しております。

計器番号(下3桁)038

請求予定金額 (うち消費税等相当額)	11,164円 826円
上記料金内訳 基本料金	3,002円40銭
電力量 昼間料金	3,062円65銭
電力量 朝晩料金	7,152円75銭
電力量 夜間料金	2,376円50銭
再エネ発電賦課金	1,592円

昨年 7月分は31日間で
ご使用量総計は 449kWhです。
今月分は1日あたり 26%増加しています。

燃料費調整のお知らせ (1kWhあたり)

7月 (当月) 分	−2円10銭
8月 (翌月) 分	−1円96銭
翌月分は当月分に比べ	+0円14銭

次回検針予定日 8月27日

地区番号　お客さま番号

お問い合わせ先/カスタマーセンター
お引っ越し・ご契約に関するご用件
0120-995-005
停電・設備に関するご用件
0120-995-007

TEPCO 事業所コード(004)　検針員

お客さまへのお知らせ

・左記電気料金は、クレジットカードによるお支払いとなります。
・クレジットカード会社の規定により、上記以外の方法でお支払いいただく場合がございます。
・当社は請求書および領収証を発行いたしませんので、クレジットカード会社から届く明細書をご覧ください。
・クレジットカード会社の締切日と当社の検針日の関係により、2ヶ月分の電気料金があわせてご請求となる場合がございます。

お客さま番号

東京電力エナジーパートナー株式会社
事業所コード(004)
お問い合わせ先
(カスタマーセンター)
お引っ越し・ご契約のご用件
0120-995-005
停電・設備に関するご用件
0120-995-007

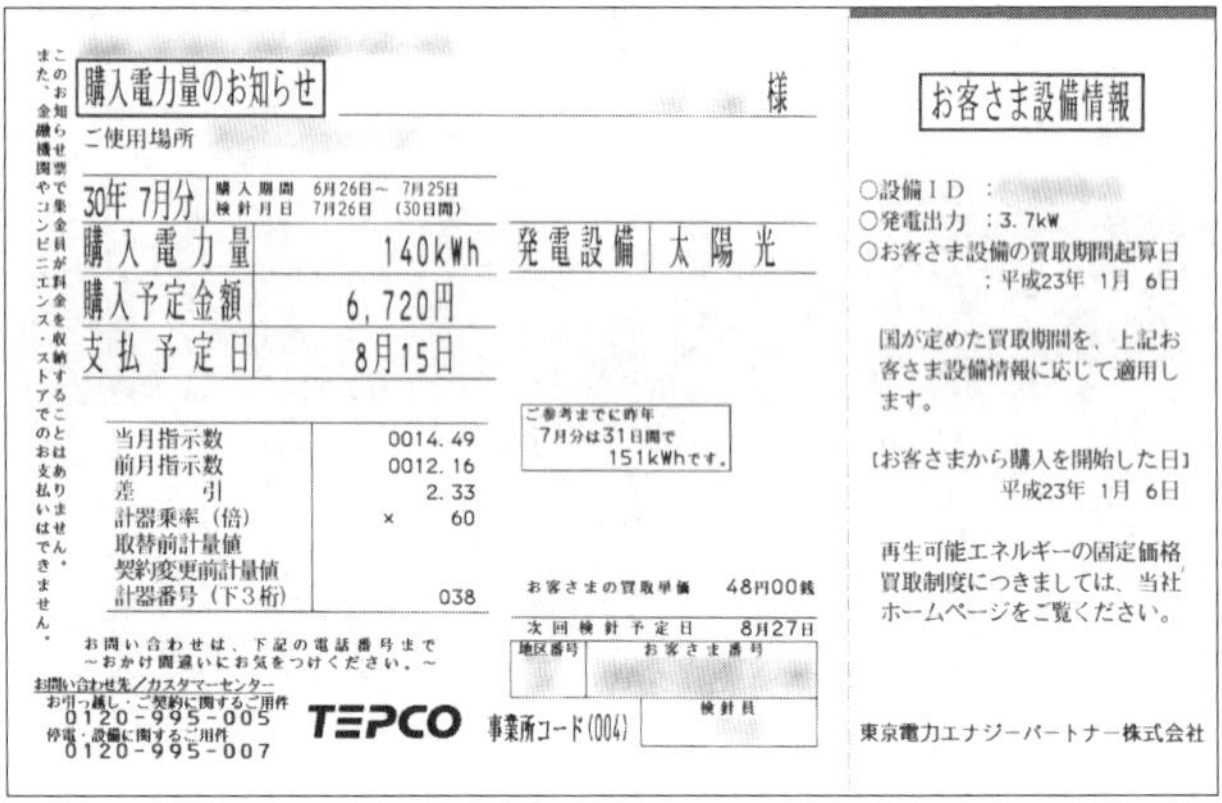

このお知らせ票で集金員が料金を収納することはありません。
また、金融機関やコンビニエンス・ストアでのお支払いはできません。

購入電力量のお知らせ

様

ご使用場所

30年 7月分	購入期間 6月26日〜 7月25日 検針月日 7月26日 (30日間)		
購入電力量	140kWh	発電設備	太陽光
購入予定金額	6,720円		
支払予定日	8月15日		

当月指示数	0014.49
前月指示数	0012.16
差引	2.33
計器乗率(倍)	× 60
取替前計量値	
契約変更前計量値	
計器番号(下3桁)	038

ご参考までに昨年
7月分は31日間で
151kWhです。

お客さまの買取単価 48円00銭

次回検針予定日 8月27日

地区番号　お客さま番号

お問い合わせは、下記の電話番号まで
〜おかけ間違いにお気をつけください。〜
お問い合わせ先/カスタマーセンター
お引っ越し・ご契約に関するご用件
0120-995-005
停電・設備に関するご用件
0120-995-007

TEPCO 事業所コード(004)　検針員

お客さま設備情報

○設備ID :
○発電出力 :3.7kW
○お客さま設備の買取期間起算日
:平成23年 1月 6日

国が定めた買取期間を、上記お客さま設備情報に応じて適用します。

[お客さまから購入を開始した日]
平成23年 1月 6日

再生可能エネルギーの固定価格買取制度につきましては、当社ホームページをご覧ください。

東京電力エナジーパートナー株式会社

スと出るかマイナスと出るかはまだわかりませんが、単純計算では導入13・3年目以降は儲けが出る仕組みです。

わが家が儲かるということは、誰かがそのコストを負担しているということです。ここで検針票の上側を見てみましょう。下のほうに「再エネ発電賦課金」という欄があります。金額は1592円。電気の使用量に応じて計算されるので月によって異なります。

この制度が始まった2012年当時は、標準家庭の月額負担は66円でした。この程度の負担で再エネを応援できるのであればよいですよね。でもこの負担はその後1年ごとにほぼ倍になり、2018年度では標準家庭の負担は月額約800円、12年度当時の12倍を超えています。これはどういうことでしょうか。

FITにおいては、買い取り価格は、技術が普及し設備の価格が下がるにつれ、段階的に下げていくこととされています。わが国でも例えば10kW以上の太陽光発電は、導入初年度の2012年度に認定された設備は42円／kWh、2013年度に認定された設備は37・8円（36円＋税）／kWhで、それぞれ20年間買い取られることになります。買い取り価格が下落するので、消費者負担は徐々に減っていくと思っている方が多いのですが、買い取り費用総額は、買い取り価格と再エネによる発電量を掛け算した金額の合計です（図1-7）。この図ではイメージしやすいように買い取り価格が2円ずつ下がっていくこととします。

導入初年度の買い取り費用総額は、「42円×初年度に導入された設備が発電した電力量」でした。これが翌年には「（42円×初年度に導入された設備が発電した電力量）＋（40円×当年に導入された設備が発電した電力量）」となるのです。制度導入からの年月経過に伴ってこの層が積み重なっていくので、消費者が負担する総額はふくれあがっていきます。

長期の買い取りを約束する制度ですので、負担の大きさに気がついて、例えば制度導入から5年目に制度を廃止したとしても、すでに導入された分の負担については変更することはできません。スタートした当初は「ペットボトル1本分で再エネを応援できるならいいわ」と余裕を持って制度を応援していた人も、月の負担が1000円を超えるようになると、そうも言っていられなくなります。

そもそもＦＩＴにおいては、生産した商品をすべて（全量）、決まった値段

図1-7 FITの構造

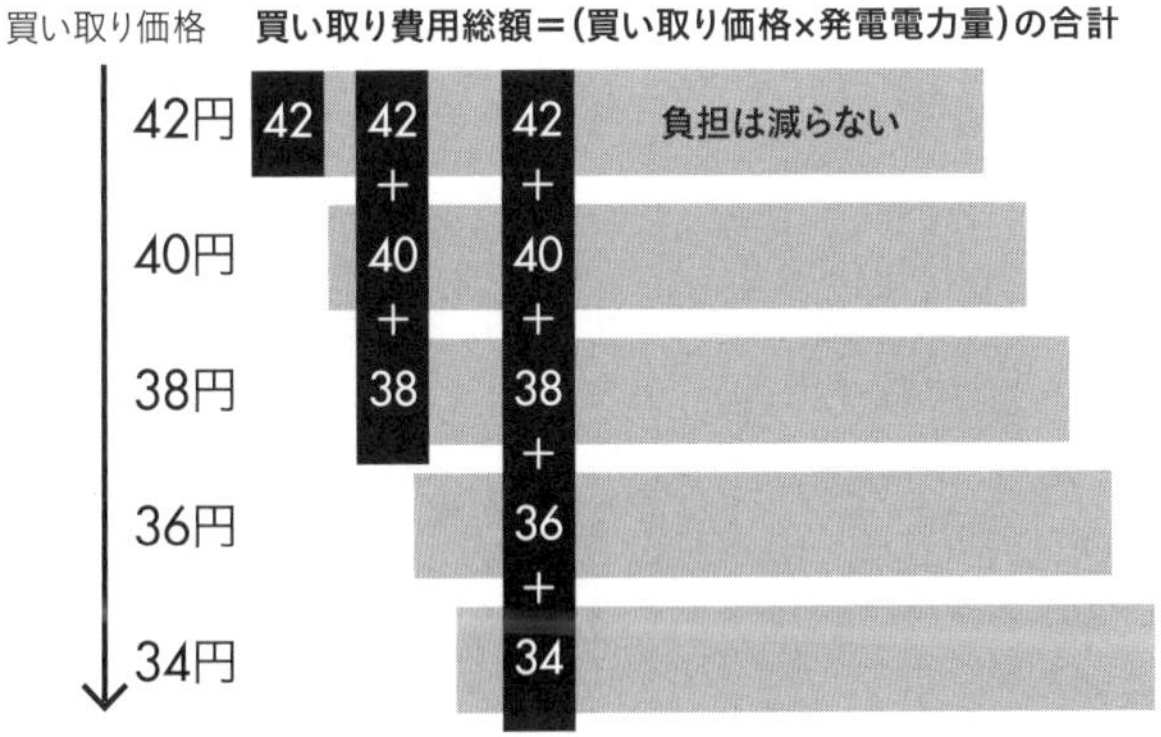

国際環境経済研究所 澤昭裕氏作成資料に筆者加筆

で（固定価格）、長期間買い取ってもらえるため、再エネ事業者同士で競争する必要もなく、その事業のリスクは極めて低いのです。技術開発やコストダウンに向けた意欲が働きづらい制度です。

　それに加えてわが国では、再エネを至急拡大するという命題の下、法律施行後3年間は買い取り価格を決めるにあたり、「再エネ事業者が受けるべき利潤に特に配慮する」とまで定め、あまりに事業者を過保護にする制度設計をしてしまいました。再エネ事業者が過保護であるということは、消費者負担が膨らむことを意味します。

　日本の買い取り価格は諸外国と比べて、相当高く設定されています。太陽光パネルなどの設備は世界のどこから買ってきてもよいのであり、施工の人件費や土地代の差以上に海外と比べて高い買い取り価格を設定する理由はありません。

書類申請受理のタイミングで適用される買い取り価格を決定したことも、大きな問題でした。申請を先行させて高い買い取り価格で買い取ってもらう権利を確保しておき、太陽光パネルの値段がもっと下がってから購入して事業を始めればより儲かると見込んだ再エネ事業者の存在も指摘され、政府は、土地も設備も購入できていない事業者の認可を取り消すこととしました。２０１５年4月から、買い取り価格の決定は、再エネ設備を電力会社の送電線に接続させることについての契約が整った時点に後ろ倒しする改正が行われましたが、諸外国と同様、設備の稼働がスタートした時点とするべきでしょう。

資源がない日本にとっては、再エネの導入はとても重要です。だからこそ、効率的にやらなければなりません。制度導入から2年で認定された再エネがすべて稼働すれば、賦課金は年間2・7兆円にもなるとの試算です。ＦＩＴの問題点は、ドイツやスペインで顕在化していたのに、日本は同じ轍を踏みました。再エネの普及策の改善が急がれます。

2 ドイツ神話の現実

環境先進国と言われるドイツ。先進的に再エネの導入に取り組み、1年間の発電電力量のうち、30％以上を再エネでまかなう再エネ大国です。北部には主に風力発電、南部には太陽光発電が多く導入されています。日本は政策議論をする際「欧米では」を気にしますが、その中でも特にドイツは、「脱原発」「自由化」「再エネ」という、今の日本のエネルギー政策のキーワードを先取りしていることから、理想像として紹介されることが多くあります。ここでは、そんなドイツ神話の現実を紹介したいと思います。

ドイツのエネルギー政策を学ぶ意義と留意点

エネルギー政策は

・Energy Security（エネルギー安全保障・安定供給）
・Economy（経済性）
・Environment（環境性）

という「3E」のバランスを取って考えねばならない、とても難しいテーマです（3Eについては、114ページ参照）。また、設備形成に長い時間がかかる上、国民生活や産業界、環境に与える影響も大きいので簡単な方向転換ができません。日本人は欧米諸国に遅れることを「恥」と考えがちですが、先人の模範例や失敗を見極めて自国の政策決定に反映するのは、賢いことです。

ただし、ひとつ気をつけなければならないのは、ヨーロッパは地域の中に電力・ガス供給のネットワークが張り巡らされていますので、一カ国を切り取って、島国である日本と比較する意味は薄いのです。

それぞれの国を見ると、水力の多いオーストリア、スウェーデン、天然ガスの多いイギリス、イタリア、石炭の多いポーランド、チェコ、原子力の多いフランス、ベルギーなどのようにそれぞれ特色があるのですが、ヨーロッパ全体で見ると、いずれかひとつの電源が突出した存在になってはいません（図1-8）。そしてそれは、実は東日本大震災以前の日本の電源構成とも類似したバランスとなっています。

ドイツの一般的事情

ドイツの人口は約８２７０万人（２０１７年）、国土面積約35万７０００㎢

図1-8 主要国の電源構成

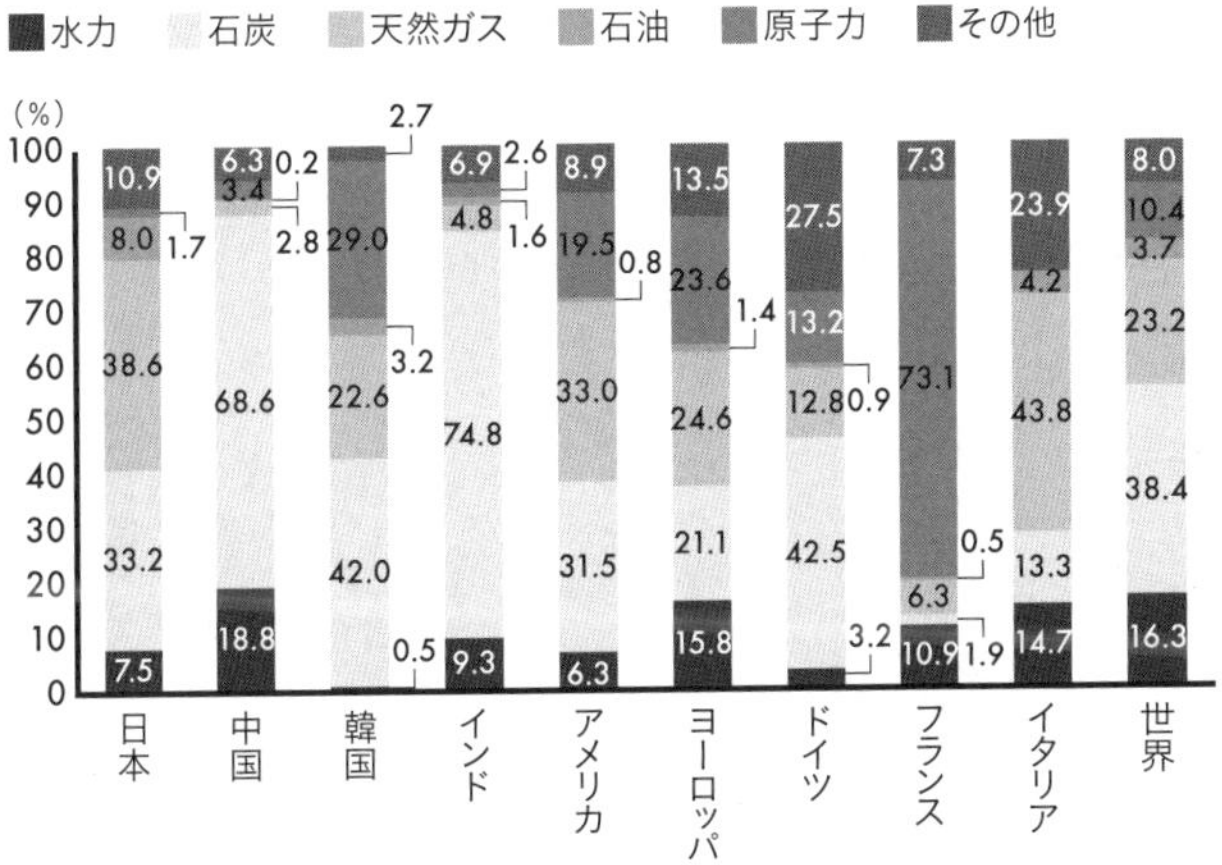

出典：IEA「WORLD ENERGY BALANCES（2018 Edition）」より作成。

と、人口は日本よりやや少ないものの、国土面積はほぼ同じです。緯度は、北部の都市ハンブルクで北緯53度、南部のミュンヘンでも北緯48度と札幌より北に位置し、冬の寒さが厳しいため電力需要は冬季にピークとなります。ヨーロッパの中心部に位置し、送電網はフランス、オランダ、スイスなどの他東欧諸国ともつながっており、国をまたいで電力の融通が活発に行われています。

アメリカ、中国、日本に次いで世界第4位のGDPを誇る経済大国であり、化学製品輸出額は世界第1位、工業製品輸出額は世界第2位（共に2011年実績。総務省統計局2013年）と、日本と同じく「モノづくり立国」です。特に最近はほかのEU諸国が不況にあえぐ中で、ドイツはひとり勝ちとも言われる状況になっています。

国内に豊富な褐炭（石炭の一種で、水分や不純物を多く含みます。褐炭発電所は多くのCO_2を排出してしまいます）を有し、褐炭の埋蔵量や生産量は世界有数です。エネルギー自給率は約40％ですが、ロシアから輸入する天然ガスへの依存度を下げていくことが国のエネルギー政策の大きな柱となっています。

実は以前、ロシアとウクライナの間で度々天然ガスの価格設定や代金支払い等を巡ってトラブルがあり、ロシアが天然ガスの供給をストップしてしまったことがありました。パイプラインの下流に位置する国々は大変な迷惑を被り、この出来事をきっかけにドイツのみならずヨーロッパ各国で、燃料調達先の多様化、自給率・エネルギー効率向上がエネルギー政策の目標として掲げられるようになりました。オイルショック後の日本が「脱中東」を掲げたのと同じく、「脱ロシア」がキーワードになったのです。ドイツは、石炭は産出しますが天然ガスはほぼ輸入であり、ロシアへの依存度は２０００年当時45％でした。２０１２年にはだいぶ低下しましたが、それでも約35％をロシアに依存しています。

こうして見てみると、人口規模や製造業が盛んであることは似ていますが、石炭（褐炭）という資源を豊富に産出することと、送電線も天然ガスパイプラインも他国とつながっていることは日本と決定的に違う点です。

ドイツの「脱原発」――経緯と現状

東電福島原子力事故を受け、ドイツのメルケル首相は２０１１年3月15日に、１９８０年以前に稼働を開始した7基と火災事故により２００７年から停止していた1基の計8基の原子力発電所を、３カ月間一時停止させることを発表しました。

8基はそのまま停止、その後順次古いものを停止して、２０２２年には全廃する予定です。ただし、２０１７年時点では12％程度を原子力によってまかなっています。日本は震災以降全国ほとんどの原子力発電所を停止させましたが、ドイツの脱原発は２０２２年を期限とした段階的なものである点が、日本とは大きく異なります。

メルケル首相の脱原発の判断も突然のものではなく、実は長く繰り返されてきた脱原子力に向けた議論がその背景にあります。

ドイツ人の間には、もともと原子力には慎重な意見が多かったそうで、1970年代から原子力への反対運動が活発に行われてきました。ドイツ人の「脱原発」を決定づけたのは、1986年に旧ソビエト連邦（現ウクライナ）で発生したチェルノブイリ原子力発電所事故でした。約1600㎞も離れているにもかかわらず、南部を中心に多くの農地やドイツ人の愛する森林が汚染されてしまい、旧ソビエト連邦政府からはもちろん、ドイツ政府の情報発信も不十分だったために、国民に強い不信感を根づかせてしまったのです。

シュレーダー政権時代の2002年、政府と電力会社が原子力発電所の運転期間を基本的に32年間で制限することに合意し、2022年頃までの原発廃止が法的に定められました。しかし、期限である2022年が近づくと、安定供給に支障を来す恐れがあるという現実が明らかになりました。2010年12月に、脱原発の期限を最長で2035年頃まで延長する原子力法の改正が行われました。

東電福島原子力事故のわずか3カ月前のことです。

事故に衝撃を受けたメルケル首相は、1980年以前に稼働を開始した古い原子力発電所を停止させました。その後、原子炉安全委員会と「安全なエネルギー供給のための倫理委員会」というふたつの委員会で議論が行われました。原子炉安全委員会はストレステストを実施し、ドイツの原子力発電所は航空機の墜落を除けば比較的高い耐久性があり、停電や洪水に対しては高い安全性が確保されていると報告しました。しかし、メルケル政権は倫理委員会の勧告に従い、脱原発完了時期の延期を撤回する原子力法の改正を行いました。

とはいえ、ドイツの脱原発への道のりも、そう平坦ではありません。停止した原子力発電所の多い南部を中心に、1年で最も多く電気が使われる冬には電源不足の懸念が生じています。

ドイツの今後の電源計画（20MW以上）を見れば、天然ガスを中心とする火力発電が6割近くを占めています。しかし大気汚染や温暖化の観点から石炭火力発電への反対は根強く、また、自由化した市場においてはコストが高い天然ガス火力への投資判断はしづらいため、２０１５年4月の情報では、大規模プラント建設計画74件のうち、39件が運転開始の見通しが立っていません。

また、原子力発電所を運営する電力会社から訴訟も起こされています。２０

１１年3月に出された一時停止命令に対するもの、脱原発政策への転換による財産権侵害を問うもの、核燃料税に対するものなど複数あり、会社によって対応も異なりますが、２０１４年1月にはヘッセン州政府が出した停止命令は違法であったとする訴えが認められました。これを受けて電力会社は法的根拠のない一時停止指示・再稼働禁止による財産権侵害の賠償として、合計１５０億ユーロ（約2兆1千億円）以上の賠償と、核燃料税22億ユーロ（約３０８０億円）の返還を求めていると報じられています（1ユーロは１４０円で換算）。

自由化で新規参入者は増えたか

ＥＵは統一の電力市場を形成することを目指し、各国に電力自由化を求め、ドイツはそれに応じて１９９８年に全面自由化を行いました。それまでは、日本のように発電から小売まで一貫して行う電力会社が8社と、地方自治体が出資する地域のインフラサービス会社が、地域において発電・配電・小売を行っていました。

シュタットヴェルケと呼ばれるこのインフラサービス会社は、19世紀後半以降、地域に必要な水道やガス、交通など様々な事業を行っており、自由化当時は1000社以上存在したそうです。自由化すれば零細なシュタットヴェルケが価格競争に敗れ淘汰されてしまうのではと心配されましたが、地域密着型であることが奏功してか、実はその多くが生き残りました。一方で、大手8大電力会社は統合が進み、4社に集約されています。

寡占化が起きたのはドイツに限ったことではなく、世界のエネルギー企業の売上高順位を見ると、2000年当時は東京電力が世界第2位、関西電力が第6位に位置していましたが、その後自由化が進展した欧米諸国のエネルギー企業が統合・大規模化したため、2010年には東京電力は世界第6位に、関西電力は第9位に下落しています（図1-9）。燃料調達力の向上、コスト競争力の確保等の観点から考えれば、自由化した市場においてはかえって少数の企業によってシェアの多くが占められてしまうことも十分起こり得るのです。

自由化当時は、小売部門を中心に100社以上の新規参入事業者があったと言われていますが、その多くは定着することなく破綻してしまいました。2011年、2012年にも数十万の顧客を有する小売事業者が倒産しました。前

図1-9大規模化する世界のエネルギー企業

主要エネルギー企業の売上高(2000年)

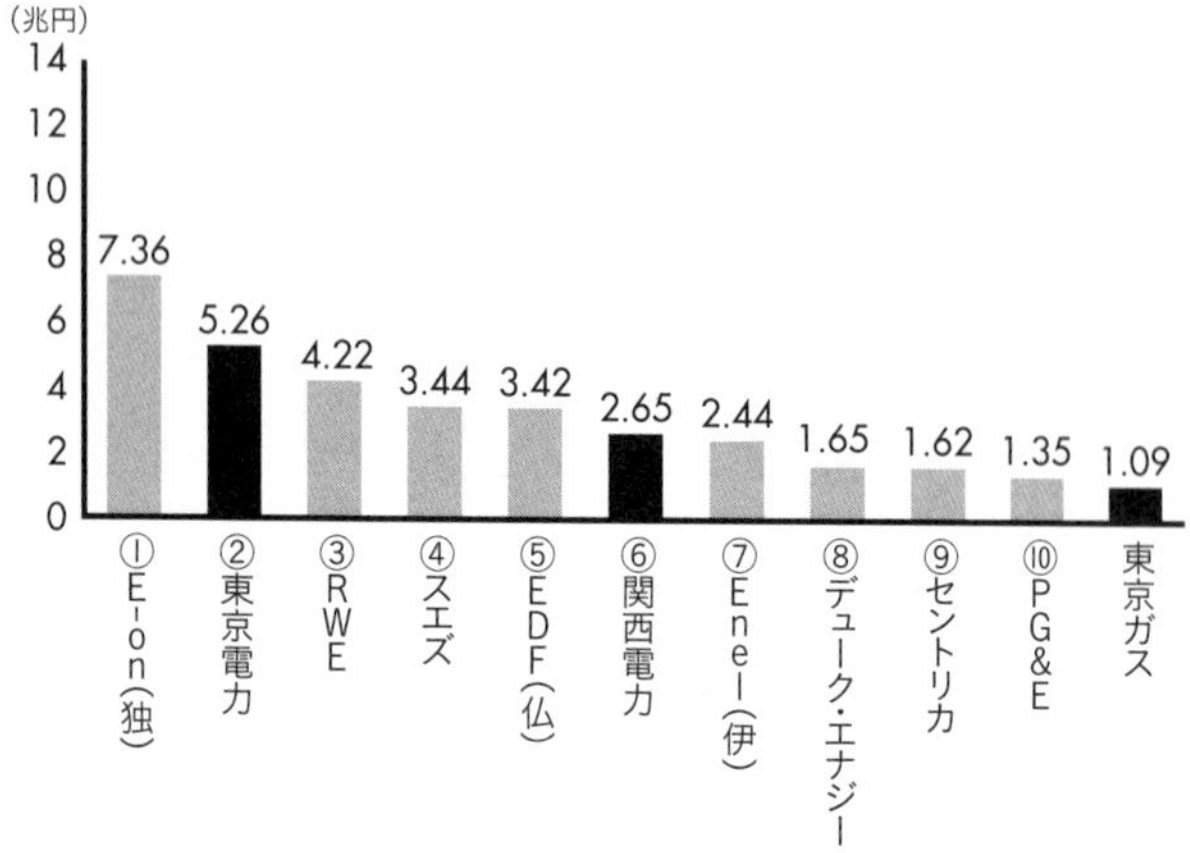

主要エネルギー企業の売上高(2010年)

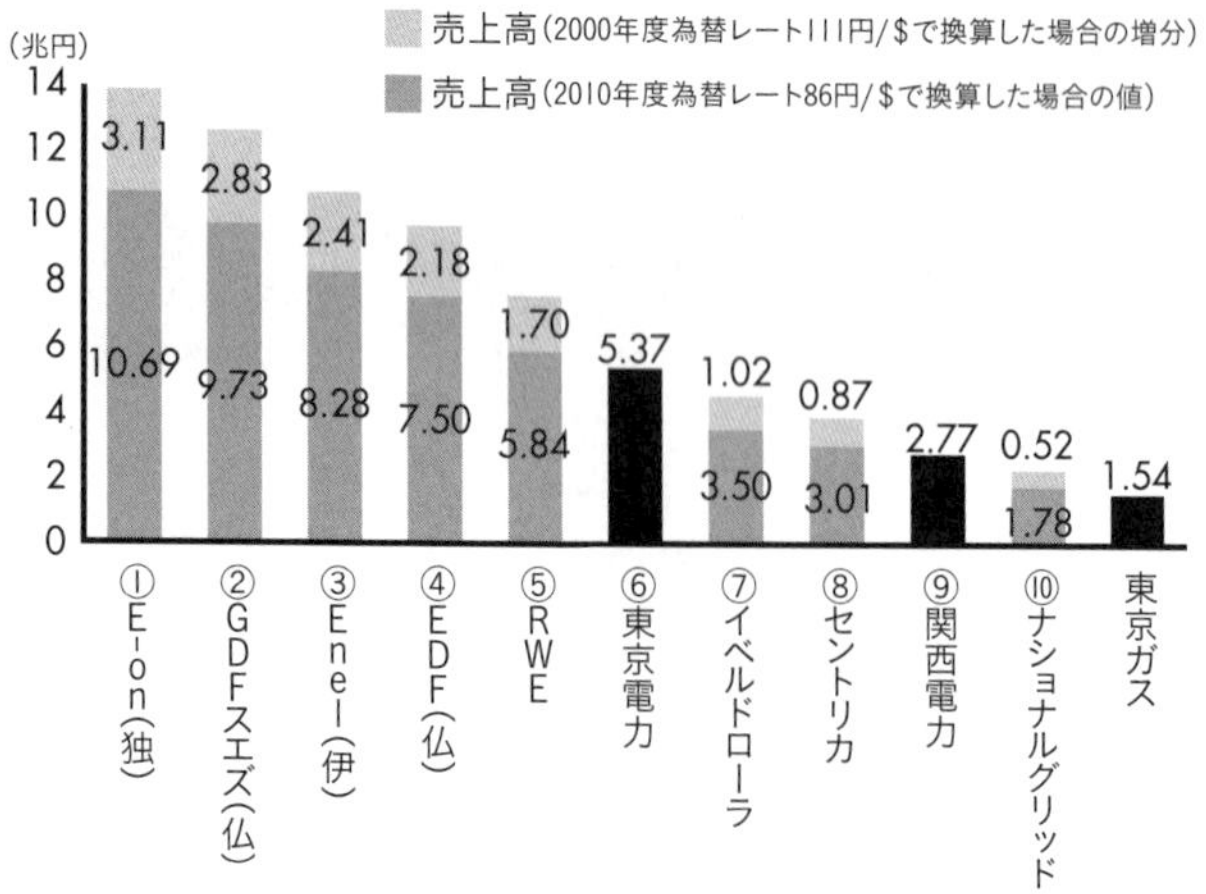

ブルームバーグ資料に基づき作成

払いによる割引に魅力を感じてこれらの会社を選んだ消費者が泣き寝入りせざるを得なくなることが懸念されています。

なお、イギリスでは、電気事業者が多様なメニューを設定したことで、わかりにくさに対する消費者の不満が膨らんでしまいました。２０１３年8月、政府の規制機関が事業者に対し、料金メニューを4種類に制限するよう指示を出しています。選択肢は必要ですが、さりとて、多すぎれば混乱をもたらす。適度なバランスを取ることは難しいですね。

自由化で電気料金は下がったのか？

これまで様々な場面で「自由化したら何が起こると思いますか」と問いかけてきましたが、ほぼ１００％の人が「電気料金が安くなる」という回答でした。本当に、自由化したら電気料金は下がるのでしょうか。

「自由化の効果」を見るには、自由化の前と後で電気料金がどう推移したかだけではなく、電気料金に大きく影響する燃料費の動き、税金や再エネ賦課金等の政策による影響など、自由化とは関係のない要素を取り除かなければなり

図1-10ドイツの家庭用電気料金の内訳

（単位：ユーロセント/kWh）

	平均燃料費	発電・ネットワーク費用等（燃料費除く）	再生可能エネルギー法・CHP法賦課金	租税	合計
1999	0.39	11.2	0.1	4.84	16.53
2000	0.51	8.11	0.33	4.99	13.94
2001	0.66	7.93	0.44	5.29	14.32
2002	0.56	9.15	0.6	5.8	16.11
2003	0.48	9.75	0.75	6.21	17.19
2004	0.61	10.21	0.85	6.32	17.99
2005	0.76	10.46	0.97	6.4	18.59
2006	0.75	11.09	1.06	6.52	19.42
2007	0.8	11.44	1.3	7.14	20.68
2008	1.27	11.76	1.26	7.29	21.58
2009	0.87	13.02	2.18	7.62	23.69
2010	0.94	12.63	3.56	7.82	24.95
10/99	0.56	1.42	3.46	2.98	8.42
10/00	0.43	4.52	3.23	2.83	11.01

出所：BDEW
出典：諸外国における電力自由化等による電気料金への影響調査

ません。実は日本の経済産業省が、諸外国における電力自由化等による電気料金への影響調査を研究機関に委託して実施しています。その資料にあるドイツの家庭用電気料金の内訳と経年の変化を追ったのが、上の図（図1-10）です。

図の最下段「10/00」は、2000年から2010年の変化を表しています。この10年間で、ドイツの家庭用電気料金は11・01ユーロセント/kWh上昇しています。そのうち、燃料費の上昇と政策の影響で説明できるのは、6・49ユーロセント/kWh（=0.43+3.23+2.83）です。政府が規制するネットワーク費用（送配電にかかるコスト）は、報告書の別のデータでこの10年間ほぼ変わっていないことがわかりますので、11.01−6.49＝4.52ユーロセント／kWhという、理由がわからない価格上昇分が残ってしまうのです。

報告書は、「ドイツでの2000年以降の電気料金上昇は、再エネ費用負担及び税負担額の拡大が主たる原因であったと見ることができる」と結論づけています。自由化が料金にどのように影響したか、明確な分析はありませんが、少なくとも自由化がドイツの電気料金を引き下げた、とまで言えるデータはありません。

ドイツは特殊な事例なのでしょうか。実は報告書では、「日本を除く調査対象国では、電力自由化開始当初に電気料金が低下していた国・州もあったが、おおむね化石燃料価格が上昇傾向になった2000年代半ば以降、燃料費を上回る電気料金の上昇が生じている」とされています。

少なくともこの分析では、「自由化のせいで電気料金が上がった」かどうかはわかりませんが、「自由化で電気料金が下がったとは言えない」ことは明らかなようです。

再エネ大国で何が起きているか

ドイツは２０００年からＦＩＴを導入し、再エネの普及を支援しています。その結果、発電電力量に占める再エネの比率は、２０００年の６・６％から２０１７年には約33％にまで急拡大しました。特に太陽光発電導入量は世界一を誇り、ドイツは「再エネ大国」になりました。

ただし、再エネは発電の一手法であって、それを増やすことを目的化すると、全体のバランスが崩れてしまうこともあります。エネルギー政策の３Ｅのうち、エネルギー安全保障・安定供給の観点からは再エネの導入によって自給率が向上することは評価できますが、温室効果ガス削減効果（環境性）やコスト（経済性）の観点からはどう評価できるのでしょうか。

「再エネが増えてCO_2排出量も増える」の怪

実は、再エネの導入は順調に進んでいるのにドイツのCO_2排出量は全体では増加してしまうという皮肉な事態が生じてしまっています。「２０２０年には、

1990年と比べて40％の温室効果ガスを削減する」という目標を、ドイツは事実上断念しました。2017年末の時点で目標達成にはかなりギャップがあったからです。

これは、自由化された市場と、その外で特別扱いされる再エネが混在することで生じる皮肉です。FITにより手厚い補助を受けているので、再エネの電気は圧倒的に安い値段で市場に売り出されます。

こうした安い再エネ電源が大量に入ると、市場で取引される電力の価格が低下するため、環境性には優れるものの燃料費の高い天然ガス火力は競争力を失い、CO_2排出量は多いけれど安価な石炭・褐炭火力などが優位性を持つようになるのです。2013年、ドイツ国内の褐炭火力の稼働率は東西ドイツ合併後最高を記録したと報じられています。再エネの導入がCO_2削減に直結するわけではなく、市場の変化によっては全体として排出増加となることもあり得るということを、ドイツの事例は示しています。多くのCO_2を排出する石炭・褐炭発電所の廃止をどう進めるかも議論されていますが、雇用の維持の観点からも、なかなか進まないようです。

　また、CO_2を削減する費用対効果はどうなのでしょうか？　ドイツ連邦環境省が毎年発表している報告では、２０１５年単年ではＦＩＴの補助を受けた電気によって約1億２０５万トン（暫定値）が削減できたとされています。削減の費用対効果を検証してみましょう。

　２０１５年の再エネ賦課金（ＦＩＴによる補助）の総額は２１８億ユーロ。２１８億ユーロで1億２０５万トンですから、単純に1トンの削減に２１４ユーロかかったことになり、削減の費用対効果は数年前と比較してもさらに悪化しています。

　ヨーロッパでは、CO_2を排出する権利を取引する市場があるのですが、その市場での価格は、最も高値であった２００８年上半期でも1トンあたり20ユーロを超える程度であり、現在は3～4ユーロ／トンCO_2程度まで価格が落ちてきています。同じ1トンのCO_2を削減するならコストが安いほうがよいのは当然のことです。逆に同じ金額を使えばより多くのCO_2を削減できるわけですから。

　その点で実は再エネは、温暖化対策としては費用対効果が悪い、と数々の研究結果が指摘しています。特にＦＩＴは「全量を固定の価格で長期間買い取る」ことを約束してしまい、再エネ事業者に競争原理が働きません。再エネ導入策として効率性が悪く、そのため$CO_2$1トンあたりの削減コストも高価になってしまうのです。

「太陽光はドイツ環境政策の歴史の中で最も高価な誤りになる」

これはドイツの「シュピーゲル」という雑誌が2012年1月18日号に掲載した記事の中にある言葉です。

52ページの図（図1-10）を見れば、2000年と2010年では電気料金が約1・8倍に上昇していることがわかります。自由化によって電気料金が下がったことは確認できないと指摘しましたが、上昇の主要因が税金や再エネ導入の賦課金等であることは見て取れます。特にFITによる再エネ賦課金は大きな伸びを示しており、2017年には6・88ユーロセント／kWhと前年比8％以上の上昇、平均的家庭の負担が年3万円程度にもなっています。止まらない賦課金の増大に、国民からは不満の声があがっています。

２０１２年８月には繊維業界３社が「再生可能エネルギー法による太陽光発電などへの助成は憲法違反である」として訴訟を提起したほか、連邦消費者センター連盟トップも増え続ける再エネの負担について「我慢の限界を超えている」とコメントするなど政治問題化しています。

２０１４年２月に発表された世論調査では、再エネの拡大や脱原子力といった政策の方向性は約９割の国民が支持しているものの、そのプロセスについては６割近くが不安を抱き、特に再エネ導入による電気料金上昇を懸念する声は７割に達しました。

日本がＦＩＴを導入したのは２０１２年７月。奇しくもその直前にドイツでは、新規の太陽光発電の買い取り価格引き下げ、全量買い取りの廃止（買い取り量の制限）などの対策を盛り込んだ再生可能エネルギー法の改正を行いました。しかし国民負担の膨張は止まらず、２０１４年２月には、政府の諮問機関が「再生可能エネルギー法は電気料金を高騰させ、気候変動対策にもイノベーションにも貢献せず、同法を継続する妥当性はない」と結論づける報告書を出しました。

２０１４年夏には、電力多消費企業への減免措置見直しなど、抜本的な改正を行う予定でしたが、国際競争力を失うことを恐れた産業界からの反対は強く、企業の負担はほぼ従前通りに。新規買取対象設備の縮小、再エネ事業者にも事前の発電量予測と実績の際に対する違約金負担を求めるなどの修正にとどまりました。

再エネの導入目標を下ろすこともできず、さりとてこれ以上消費者・産業界の負担を増やすこともできず、ドイツの再エネ普及政策が今後どう転換していくか、日本はしっかりと学び、見極める必要があります。

電源不足の懸念

お日さま任せ、風任せの再エネの平均的稼働率は太陽光で10％（日本では12％ですが緯度の高いドイツでは10％）、風力で20％程度です。稼働率が低くても平均して働いてくれればよいのですが、あるときは１００で、次の瞬間ゼロということもありますので、その発電に合わせて人間がコントロールできる火力発電が必要です。

特に、短い時間での振れ幅が大きい風力発電に対しては、素早く出力調節できる火力（天然ガス火力、コンバインド・サイクル発電）が必要ですし、太陽光も風力もさっぱり動かないときに安定して稼働しベースをまかなうのに適した火力（石炭火力）も必要になりますが、ここで問題になるのが、火力発電は自由化された市場にあり、再エネはその外で特別扱いされている存在だということ。再エネの電気を優先的に使うというルールがあるので、再エネが稼働しているときには、火力発電は休んでいなければなりません。せっかく発電所を作っても、遊ばせておく時間が長くなれば収益が悪化してしまいます。

稼ぎが悪くなるだけではなく、もっと深刻な事態も起きています。

火力発電は、再エネの変動に応じて素早く稼働するためには、最低限の運転状態を維持する必要があるのですが、太陽光と風力が機嫌よく発電してしまい、人間も機嫌よく休日を満喫していると、市場で電気が余り、なんと電気が「負の価格」で取引される事態も発生しています。

電気は必要とされるときに必要な量を発電せねばなりません。供給が多すぎても、需要が多すぎてもバランスが崩れてしまい、停電に至ることもあります。そのため、できすぎてしまった電気は、廃棄物と同じくお金を払って引き取ってもらうことになるのです。ドイツでは２０１７年、電気に負の価格がついた時間帯が１４６時間にも達し、２０２２年までにはそれが年間１０００時間を超えるとも予想されています。

こうした状況により、経営が悪化した火力発電所の閉鎖が続きました。国全体として供給力不足が懸念されてきたために、ドイツ政府は２０１３年から、10MW（メガワット）以上の発電所を保有する電力会社に許可なく設備を廃止することを禁じました。安定供給のために必要であると認定した発電所については、稼働停止の禁止を命じることもできることとなっています。その発電所の維持にかかる費用は、規制当局が事業者に直接支払い、電気料金に転嫁されます。

２０１３年に廃止計画が打ち出された最新鋭のガス火力発電所は、廃止計画を取りやめ維持する代わりに、１基年間1億ユーロ（約１４０億円）が事業者に支払われると報道されています。

再エネによる発電は自然任せなので、人間がコントロールできる発電所と二重に設備投資をしなければならないのです。

進まない送電網の整備

再エネの立地は気象条件や土地の確保可能性によって決まるため、ドイツでは風況のよい北部、特に北海沿岸に風力が、南部に太陽光が多く導入されています。北部に多く導入された風力発電の電気を、南部工業地帯に送る送電線整備が進めば、自国で生み出された電力を自国内で消費する「地産地消」が可能です。しかし、送電線の整備が著しく遅れているのです。

ドイツ人は森をこよなく愛していますので、送電線が森を横切る景観悪化は地価下落を招くこと、電磁波の健康影響を懸念し住民の反対が強いこと、州の独立性が強いため、州をまたぐ送電線建設計画の許認可手続きに時間がかかることなどが原因です。ドイツ連邦政府は2009年、送電網整備の手続きを簡素化することなどを定めた法律を整備しましたが、新設・増強あわせて約7700㎞の送電線工事が必要であるとされているのに、遅々として進んでいません。

国内の消費地に送られなかった電気はどうなるのでしょうか。本章冒頭でお伝えしたようにドイツは欧州の真ん中に位置し、周辺国と送電線がつながっています。特に北部はポーランドやチェコなどとつながっており、こうした国に送電容量の上限を超えて流れ込む事態がしばしば起きました。火力発電機の出力を下げるなどの緊急事態を強いられた東欧諸国（チェコ、ハンガリー、ポーランド、スロバキア）の送電系統事業者から、2012年3月、ドイツ北部の再エネ（風力）の電気が予定外に流れ込むことで自国の電力システムが度々危機に瀕していることを指摘する文書が出され、その後電気の潮流を制御する機器（移相変圧器）の設置などの対策もとられました。

しばしばドイツは再エネで電力を輸出するまでになっている、という評価を見かけますが、不安定な電気を輸出してしまうことで迷惑ともなっていること、そしてドイツ国民の負担による補助を受けて価格が安くなっている電気が他国の消費者に使われているという事実も見なければなりません。

送電線整備はドイツだけではなく、再エネが拡大したヨーロッパ各国で必要性が増しています。特に、国土が南北に長く再エネ施設が偏在している英国やイタリアなどでは、事態が深刻です。送配電設備の増強には、長期のリードタイムと多額の資金を要するため、どの地域でどの程度の再エネを見込むのか、またそのためにどの程度の送電容量の確保を行うべきなのかという全体を見渡す計画と、その費用を誰がどのように負担するのかの社会的合意形成が欠かせません。

「グリーンジョブ」で儲かりまっか？

日本もアメリカもＥＵも、再エネによる新たな事業機会を創出し、「環境と経済の両立」による発展を模索しています。ＥＵは再エネで41・7万人、省エネで40万人の雇用増をもたらすことを目標としていました。しかし、ドイツ国内の再エネ産業は苦戦を強いられています。太陽光発電大手企業が相次いで破綻し、ついに、一時太陽光パネル生産量世界一を誇ったＱセルズ社も２０１２年4月に倒産して韓国企業に買収されました。

ちなみにアメリカのオバマ政権が第1期に掲げた「グリーン・ニューディール政策」は、グリーンエネルギーで５００万人の雇用を生むことを目指していました。労働力人口が約1億5000万のアメリカで500万人といってもあまりインパクトがある数字ではないのですが、国民に大きな期待を抱かせたことは確かです。

オバマ大統領の肝いりで政府が債務保証（政府が、企業がした借金の保証人になることです）をした太陽光発電メーカー2社も倒産してしまい、税金が投入されることに批判の声があがっています。結局、アメリカのグリーン・ニューディール政策は、2万人程度の雇用を生んだにすぎなかったとも報道されています。

先進国の「グリーン産業」の現実を見ると、非常に厳しいと言わざるを得ません。再エネ産業の雇用効果の目標と実際の相違は、なぜ起こるのでしょうか。そこには大きくふたつの「トリック」があると指摘されています（朝野賢司『再生可能エネルギー政策論――買取制度の落とし穴』）。

ひとつは、目標の設定にあたって、再エネ普及によるプラスの影響のみを考慮した推計が使われていて、電気料金が上がることによって既存の産業から雇用が失われるマイナスの影響を加味していないこと。もうひとつは、再エネ産

図1-11 太陽電池モジュール生産量の生産地域別シェア（2017年）

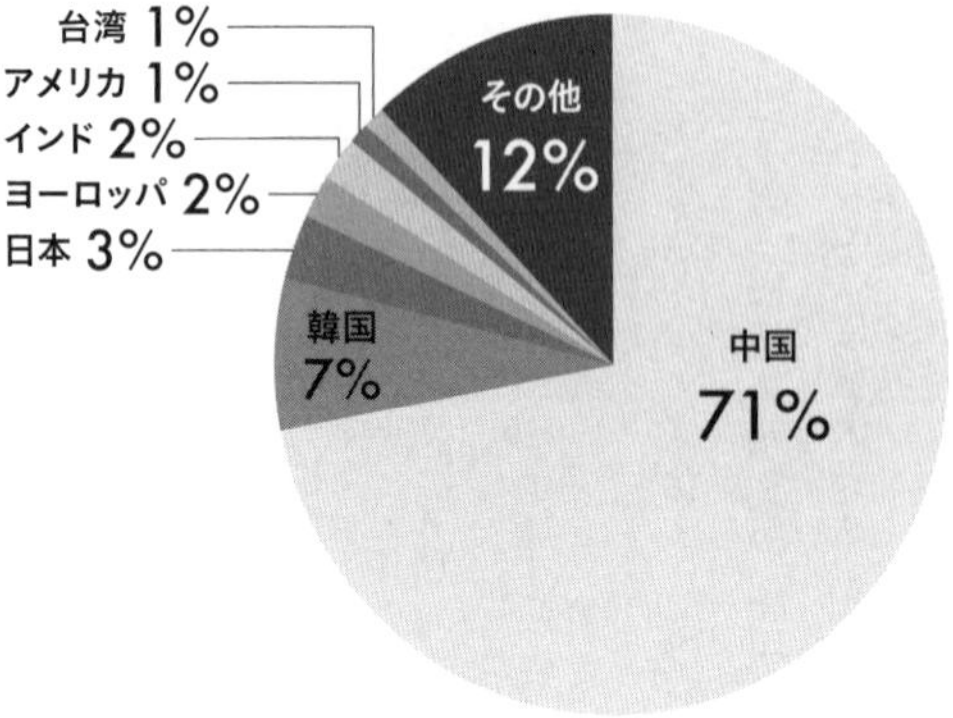

出典：（株）資源総合システム調べ（一部推定）。

業の輸出拡大という、現状から考えると無理のある前提を置いていることです。

ドイツ連邦環境省の報告でも、再エネ導入による雇用効果は2004年の約16万人から2010年末には約37万人に倍増したとされ、2030年までには50万人に達するとされていました。ドイツの自動車産業関連で80万人超の雇用と言いますので、インパクトのある数字です。

しかし、同じくドイツ連邦環境省は、再エネへの補助のためにほかの産業にかかる負担を加えて考えると、2020年までに5・6万人の増加しか見込めないとしています。ある政策を導入する前にはプラス、マイナスそれぞれの影響を考えなければなりませんが、なぜか再エネの導入拡大政策ではマイナスの要素が無視されがちです。

先進国の再エネ産業の輸出が拡大するというのも、今となっては無理のある前提です。太陽光発電は中国などアジアの企業の台頭が目覚ましく、2017年には世界の太陽電池の約7割が中国企業の製品でした（図1-11）。2005年には約5割のシェアを誇っていた日本メーカーは2017年には3％にまで下落、欧米メーカーのシェアも急落しました。世界全体では再エネ関連の雇用は増加していますが、EU全体、特にドイツでは太陽光関係の雇用は激減しています。ドイツの太陽光関係の雇用は、2011年以降4年で3分の1になりました。

先進国に残る再エネ関連の雇用は、設備の設置や維持管理に関するものが主で、多くの雇用を生み輸出で儲けることのできる設備製造業、特に太陽光パネルなどは中国などの新興国にすでにシェアを奪われてしまいました。部品点数が多く強度の維持に技術力が必要とされる風力（特に洋上風力）や蓄電池の開発において、先進国企業が技術力を活かして「グリーン成長」を遂げることができるか、これからは注力する技術の選別も必要になってくるでしょう。

ドイツの「Energy Wende（エネルギー転換）」政策の今後

ドイツ政府は今、「エネルギー転換」という政策を掲げています。これは大いなる挑戦として、国民の高い支持を得ています。従来の化石燃料・原子力から、再エネを主体とした経済に切り替えることで、地球温暖化や大気汚染、核廃棄物など様々なリスクを軽減し、再エネ事業において先行することで国際的に優位に立つ、というその理念が多くの共感を呼ぶことはわかりますよね。2011年6月、脱原発の方針を明らかにしたメルケル首相は同時に、

①供給不安をなくすために2020年までに少なくとも1000万kW（できれば2000万kW）の火力発電所を建設すること

②再エネを2020年までに35％にまで増加させること。ただし、その負担額は3・5ユーロセント／kWh以下に抑えること

③太陽光や風力発電などの変動電力増加に伴う不安防止のため、約800㎞の送電網を建設すること

④2020年までに電力消費を10％削減

など、様々な政策を実施する必要性に言及して「あれも嫌、これも嫌と言う甘えは許されない」と国民に覚悟を促しました。

しかし、そのときは覚悟したつもりでも、現実としては送電線も火力発電所も迷惑施設であって、自宅の裏にはできてほしくありません。

そしてコスト負担。3・5ユーロセント／kWhを大きく上回る負担を、すでに負っています。2013年2月に環境大臣が発表した試算では、ドイツのエネルギー転換政策にかかるコストは、再エネ賦課金や送電線建設コストなどすべて含めて2030年代末までに1兆ユーロ（約140兆円）という天文学的な数字に達する可能性があることが示されています。

莫大なコスト負担や迷惑施設の受け入れを、ドイツ国民がどこまで許容できるか。エネルギー転換政策の成否は、そこにかかっています。

日本がドイツに最も学ぶべきは、「あれも嫌これも嫌ではダメ」というメルケル首相の一言かもしれません。

3 電力会社の思考回路にまつわる神話

東電福島原子力事故以降、東京電力のみならず電力会社を見る世間の目は大変厳しくなりました。電力会社が原発再稼働を求め、再エネの増加に難色を示し、電力自由化に懸念を表明することに対して、すべて「既得権益を守ろうとしている」で片づける報道もしばしば目にします。彼らが守ろうとしているのは、本当に既得権益なのでしょうか。

ここでは、電力会社の思考回路にまつわる神話を考えてみたいと思います。

思考回路の中心は「安定供給」

電力社員が最も恐れること。それは停電です。「安定供給」と書いて「至上命題」と読むのではないかというほど、安定した電気を送ることに対して強い使命感を持っていることは間違いありません。

私が入社した当時東京電力は、新入社員をまず支店・支社と呼ばれる、いわゆる現場に配属していました。私も入社から丸4年間を都内の支社で過ごし、電気事業のイロハを学びました。支社の業務は基本的にはルーティーンワークであり、停電というトラブルさえなければ平和な毎日でした。そう、停電さえなければ。

各支社には、管轄エリア内の主要な電線に停電が起きると、警報が鳴るシステムがありました。警報が鳴った次の瞬間から、支社の電話が一斉に鳴り始めます。突然の停電に驚き怒るお客さまからの電話は、電気が復旧するまで途切れることなく続きます。「形あるものはいつか壊れるのであり、設備にトラブルはつきものです」などとは口が裂けても言えません。

「どうなってるんだ」に始まり、「入力していたデータが消えた」「冷蔵ケースの中の商品が溶ける」と言うお客さまに平身低頭お詫びしながら、緊急車両に乗って現場に向かった先輩の技術系社員たちが一刻も早く復旧作業を完了させてくれることを祈るしかありません。復旧作業が進み「再送成功!」(再送電することに成功した、という意味)という報告が届くと、心底ほっとしたものです。こうした現場での経験によって、停電がどれだけ社会に混乱をもたらし、迷惑をかけるかを実感し、停電だけは絶対に起こしたくないという強い思いが刷り込まれます。

入社したばかりの頃、昼食時にその警報が鳴ったことがありました。それまでごった返していた社員食堂からはあっという間に人が消え、あとには先輩たちの食べかけのラーメンと私だけが残されていました。マニュアルに書かれているわけではありません。それが当然の行動であり、文化であり、見よう見真似をしているうちに体に染みつき、やがて自分自身の「供給本能」となるのです。

これは電力会社の社員だけではなく、関係企業やメーカーの方など、「電」の付く人すべてに共通するものかもしれません。こうした本能がDNAに埋め込まれた電力社員の思考回路はまず、「それで安定供給ができるのか」になっています。

日本の消費者にとって安定供給は、「されて当然のこと」になっていますが、電力会社にとっては「これこそが使命」なのです。この思考回路の違いが、序でご紹介したように「脱原発」「再エネ」「自由化」についても、全く違う見解や情報が飛び交う原因のひとつであるように思います。

地域独占の重み

電気事業法という法律によって、「一般電気事業者は、正当な理由がなければ、その供給区域における一般の需要に応ずる電気の供給を拒んではならない」とされてきました。電力会社には地域独占が認められる代わりに、その地域における供給義務が課されてきたのです。たしかに地域独占は、経営の安定化や資金調達面では有利に働きますが、現場で働く社員にとっては、地域の電力供給に責任を負うのは自分たちしかいないことを意味します。「品切れです」も「配達できません」も許されません。

民間会社がその努力だけで背負うのは無理ですから、総括原価方式や土地収用法の適用など様々な制度が担保されています。離島や中山間地域へも都会と同じ料金で供給すれば当然赤字ですが、総括原価方式によって原価を均していたのです。また、例えば地権者の反対によって電柱や送電線など設備を作ることができないことを理由に、電気の供給を受けられない消費者が出てはいけませんので、土地収用法の適用も認められてきました。

しかし何より、この制度の下で半世紀やってくると、電力社員の思考回路の根幹に「供給本能」が定着し、「安定供給至上主義」ができあがります。その思考回路でいくと、脱原発して、再エネの導入を拡大して、自由化して、それで安定供給は大丈夫か?となるのです。

もちろん大きな組織ですし、いったん定めた方向性をなかなか変えられず、「慣性の法則」で動いてしまうところもあるでしょう。既得権益を守るという思考回路もなかったわけではないと思います。しかし電力会社が守ろうとしているのは、すべて既得権益であるかのような報道は、電力会社の思考回路にまつわる逆の意味での神話、魔女論でしかないと、電力供給の現場に身を置いたことのある私は思います。

電力会社の思考回路については、よい点も悪い点も含めて、巻末の補論で詳しくお伝えしたいと思います。

COLUMN 1

エネルギーは気長に

エネルギー政策は、実現するのに非常に長い時間を必要とします。

新たな技術が、「日用品」であるエネルギーをまかなうのに十分なほど安定で安価なものになるには、相当の時間が必要です。日本での再エネ技術開発への支援は、1974年にすでに始まっていたことは31ページでお伝えした通りですが、太陽光・風力については現在もその不安定性を完全に克服することはできていませんし、再エネ全体としてコストはまだ割高です。

技術としては確立していても、発電所や送電線を整備するには、10年単位の時間が必要です。用地買収や漁業補償交渉、環境アセスメントなど、建設の前段階にも長い時間がかかります。例えば、東京電力が青森県東通村に計画していた東通原子力発電所は、1965年の村の誘致決議から40年以上経った2011年1月、1号機の着工にこぎつけたところでした。エネルギーの議論は気長に気長にしなければなりません。

第２部

エネルギーに関する基本

1 電気はどこでどう作る

電気は「究極の生鮮品」

「生鮮品」といったら皆さんは何をイメージしますか。水揚げされたばかりの海産物や産地直送の野菜や果物を思い浮かべる方が多いでしょう。でも、生産現場から消費者の手元に届く早さで言えば、電気にかなうものはありません。電気の流れるスピードは光とほぼ同じ。秒速30万㎞にもなり、1秒で地球を7周半する早さです。電気の製造工場である発電所で生まれた電気は、まさに「できたて直送」で私たちの家庭や職場、学校のコンセントまで届けられるのです。

電気は素早く流れますが、一所にじっとしていることができません。電気のエネルギーを貯めておくには、別のエネルギーに変える必要があります。そのひとつが、携帯電話やデジタルカメラなどのモバイル機器に内蔵されているバッテリーです。繰り返し充電して使うことができるので、電気を貯めていると思っている人も多いかもしれません。実はバッテリーの中には、化学反応で電気を発生させる物質が入っていて、電気のエネルギーを「化学のエネルギー」

図2-1 揚水式発電の仕組み

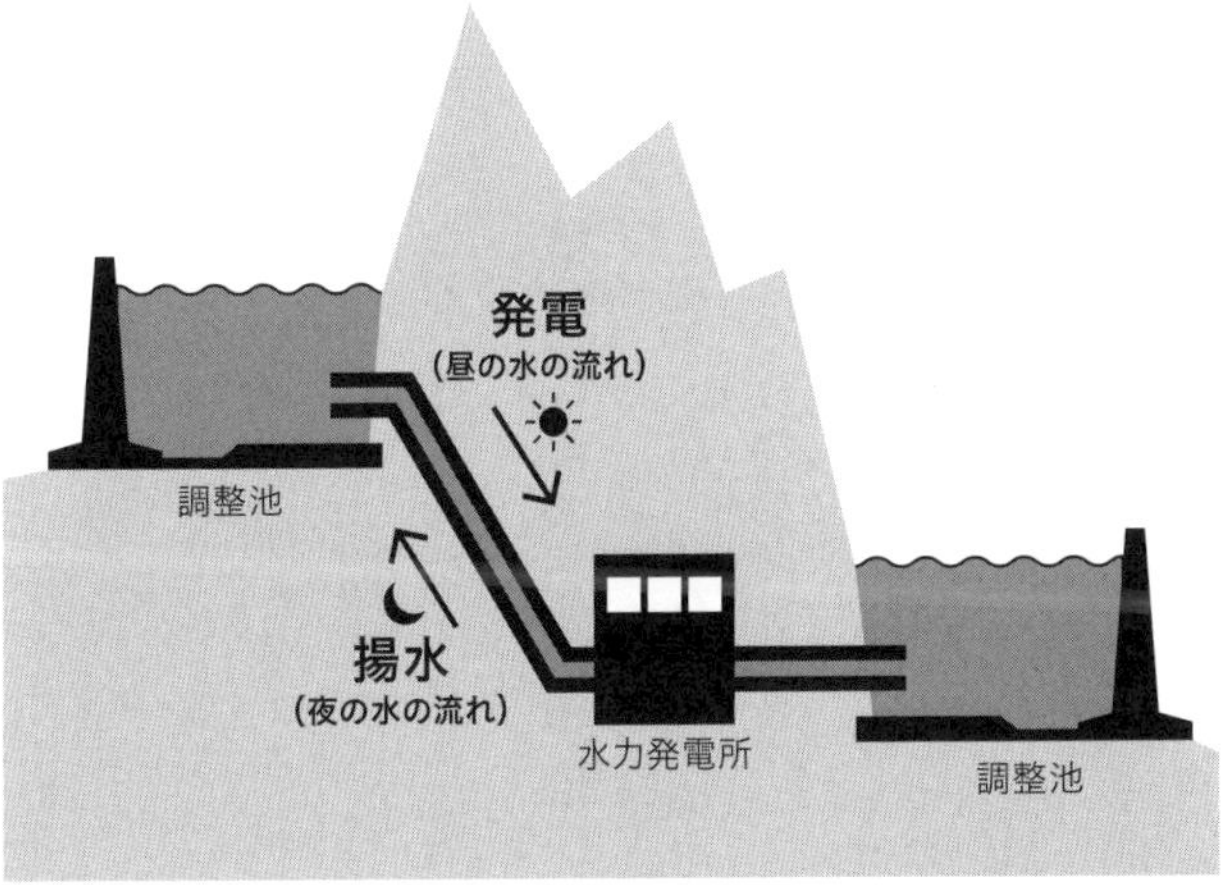

に変えて貯めているのです。

また、「位置のエネルギー」に変えて貯めておくこともあります。水力発電所のひとつの方式に揚水式発電と呼ばれるものがありますが、これは、高さの違うふたつの池を作り、ほかの発電所の余力があるときに電気エネルギーを使って下の池から上の池に水を揚げておき、電気がたくさん使われるタイミングで上の池から水を落としてそのエネルギーで発電する仕組みです（図2-1）。電気エネルギーを位置のエネルギーに変えて保存しておき、再び電気エネルギーに戻して使うのです。

このように、電気をほかのエネルギーに変えて保存することは可能ですが、変身させるたびにロスが生じてしまいます。蓄電池の技術は日進月歩と言われますが、まだ大容量の電気を貯めておくことが可能な安価な蓄電池はありませんので、残念ながら今はまだ、電気は貯めることができない「究極の生鮮品」と言えます。皆さんが使うタイミングに合わせて、皆さんが使う量を発電する必要があり、これを「同時同量」と言います。電力システムを理解する上で最も基本となる言葉ですので、覚えておいてください。

電気にまつわる単位いろいろ

電気の話になると、単位がいろいろ出てきてわかりづらいですよね。この本にはこれからしばしばkW（キロワット）とkWh（キロワットアワー）という単位が出てきます。両方についているk（キロ）は1000を表すだけですので、気にせずに。kWはその瞬間の電気の出力値を、kWhはある一定期間における電気の総量を表します。ある瞬間に水道の蛇口から流れ出る水の量（断面）がkW、一定期間に貯まる水の量がkWhだとイメージしてください。

発電所をイメージすれば、発電設備の規模がkW、発電された量がkWhです。な

図2-2 需要と供給のバランスによる周波数変動

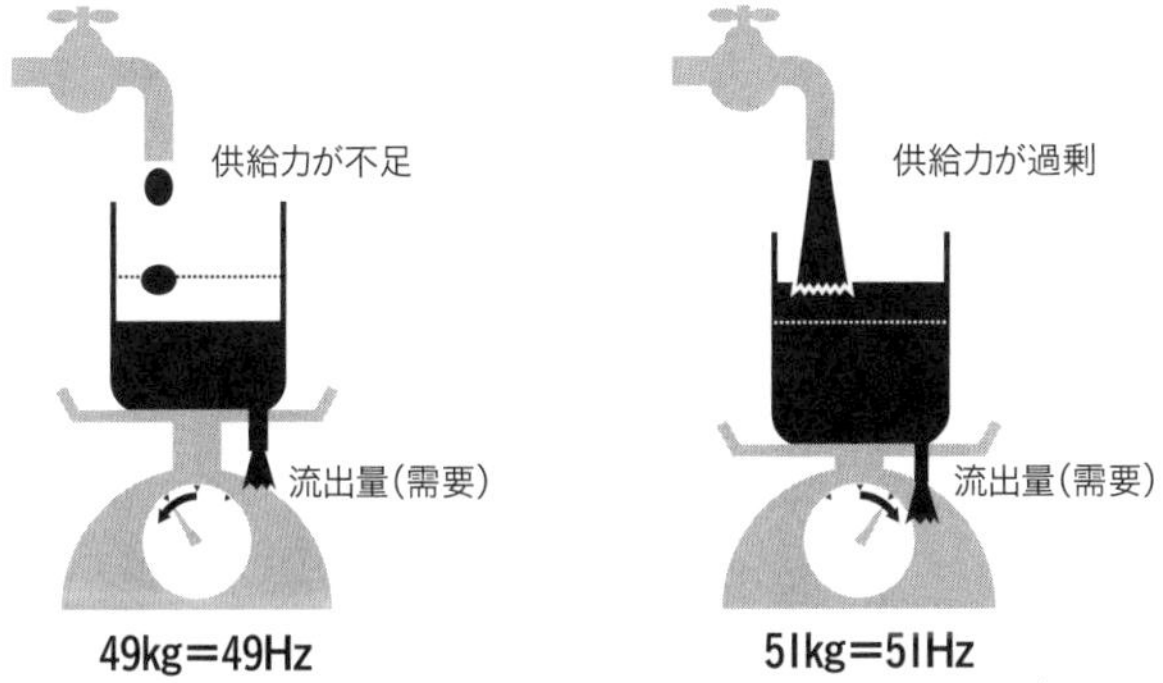

・流入量（電力の供給量）＝流出量（電力の需要量）により安定供給
・バランスが崩れると、周波数が変動する（電気の品質低下）

お、報道などでよく目にする「原子力発電所○基分の太陽光発電」という表現。これは、その太陽光発電設備の最大の出力値（kW）で計算しています。しかし、太陽光や風力は、自然任せで稼働率が低いので、実際に生み出す電力の量（kWh）には圧倒的な違いがあります。

　これから出てくる「最大需要電力」という言葉は、1年間で最も電気が使われるとき、例えば（北海道以外の）日本では、夏の平日午後2時頃の断面（1時間平均）に必要とされる電力のことを指すのでkWで表し、1年間という期間において使われる電気の量を指す「需要電力量」はkWhで表します。

　もうひとつ重要なのが、Hz（ヘルツ）という周波数を表す単位です。周波数とは、電気（正確には交流の電気）が1秒間に繰り返す波の数のことで、電気の「脈拍」と言えばわかりやすいでしょうか。静岡県に流れる富士川を境に、西日本は60Hz、東日本は50Hzというふたつの周波数が日本には存在します。

発電所、送配電設備からユーザーまで、電気が血液のように流れる一連のシステムを「系統」と言いますが、例えばひとりの人間の上半身は1分間に60回脈を打ち、下半身は50回なんていうことは起こりえないように、同じ系統につながる発電機やモーターはすべて一緒のリズムで動いています。脈拍という喩えの通り、周波数は電圧と並んで非常に重要な電気の「品質」です。電気の使われる量と作られる量を均衡させておかないと変動してしまい、大きくバランスを崩すと、あとで述べるように停電につながることもあります（図2-2）。そのため、電力会社の人は周波数を一定の幅に保つことに神経を尖らせているのです。

停電はなぜ起こる

大きく分けて停電の原因は、ふたつあります。

ひとつは、需要と供給のアンバランスから来るものです。発電が多すぎれば周波数は高くなり、需要が多すぎれば周波数は低くなります。人はそれぞれのタイミングで電気をつけたり消したりするので、需要は常に変化し、周波数もそれに応じて変動しますが、±0・2Hz以内の変動であれば問題は生じないとされています。

ただ、0・2Hz程度の変動でも、例えば化学繊維工場では糸のたるみや太さにむらが発生する、製紙工場では紙の厚さにむらが発生するなどの影響が出てしまうので、家庭ではわからない周波数の変化でも産業によっては大きな被害を受けることがあります。

さらに需要と供給のアンバランスが10％程度にまで拡大すると周波数が1Hz程度変動します。そうなった場合には、タービンが振動で壊れたり、巻き線が過熱して切れてしまうことを避けるため、発電機は系統から自動的に離脱して自らの身を守ります。こうして発電機が離脱すると供給力が落ち、さらに需給のバランスが悪化してついには「ドミノ倒し」が起こり、広域大停電に至ることもあるのです。

広域大停電が起きた場合の復旧はまず、山間地域の自流式（流れ込む川の水による）水力発電所を立ち上げることから始まります。これを「種火」として、徐々に近くの発電所を立ち上げていきます。このときも需要と供給を一致させながら行う必要があるので、首都圏がこうした広域大停電に見舞われた場合、完全復旧までには数日を要する可能性があると言われています。

近年日本は、適切な供給力確保が行われてきたため、需給のアンバランスによる停電はあまりありません。

停電の原因の多くは、送配電設備の故障です。とはいえ、設備が故障すれば必ず停電するわけではありません。送電線1回線、変圧器1台、発電機1台など、機器装置のひとつが故障したとしてもそれだけで停電に（大規模停電に）つながることがないように、設備を計画することが基本とされています。

「2台以上が同時に故障したときについても備えをしておくべきだ」と思われるかもしれません。でも、それではキリがなくなってしまいます。

心配症のエンジニアが、飛行機を設計しているシーンを思い浮かべてみてください。本エンジンの隣に予備エンジンを設置して安心したのも束の間、「本エンジンも予備エンジンも同時に止まったらどうしよう」という不安が首をもたげてきて、予備エンジンの隣にさらに予備エンジンを設ける。そのうちまた不安になりその隣に……。莫大なコストをかけた飛行機は結局、重くて飛び立つことができなくなってしまいます。

そんなコントのような事態にならないよう、緊急時への備えについては、「システム内にN個の設備があるとして、そのうちのひとつの設備がトラブルで欠けただけでは停電しないよう対策を打つ。しかし、ふたつ以上の設備がトラブルで欠けた場合の停電は許容する」という考え方が万国共通でとられているのです。

それは、ふたつ以上の設備が同時に欠けてしまうようなトラブルが起こる頻度は低いのに、その対策にはコストがかかりすぎてしまうためです。万が一の事態に備えることは大切ですが、そのために電気料金が高騰し、家計や企業収益が過度に圧迫されて日常生活に影響するようなことになっては仕方ありません。コストとの兼ね合いで、ある程度のリスクを許容する判断が必要になるのです。

電気の「在庫」はどう確保する？

究極の生鮮品である電気は、最も多く商品（電気）が必要とされるときに必要な量を生産できるよう、生産設備（発電所）を整備しておくことが、在庫を確保することの代わりと言えます。

適切な量の在庫を確保するためには次の3つを適切に行うことが必要です。

①最大需要電力の予測（景気動向や気象の予測など）
②供給力の確保（自社の発電設備、他社からの購入電力など）
③需要抑制策の実施（ピーク時間帯に電気料金を高くするメニューや、電力会社からの一定時間前通告により電気の使用を停止してもらう契約の確保など）

電力会社は毎年3月末までに、今後10年間の電力需要の想定と発電所や送電設備の整備計画などを見通す「供給計画」を提出することが義務づけられてい

図2-3 電気の需要想定と供給計画

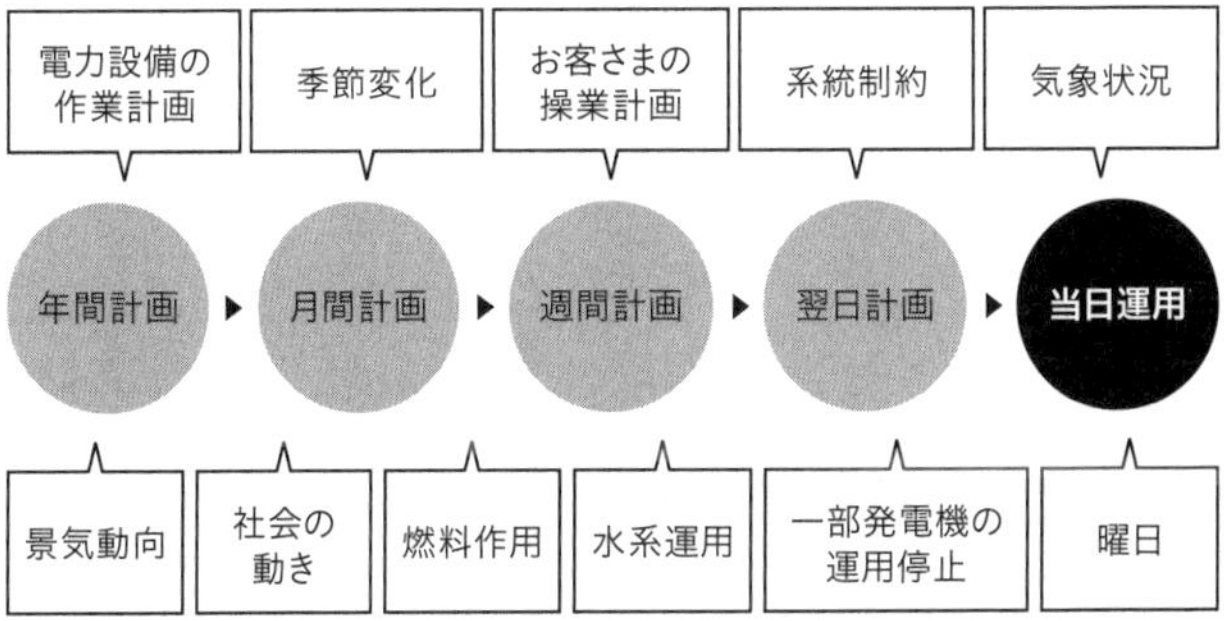

出典:中部電力HP

ます。電気は国の経済の「血液」と言われ、停電が起これば交通や通信、水道などほかのインフラも停止してしまいますので、供給力確保の見込みが立っているかを国がチェックするのです。また、電力各社は年間、月間、週間、翌日と、細かく需要想定と供給計画を見直して運用し、精度を高める努力をしています（図2-3）。

消費者がいつどれだけの電気を必要とするか予測することを「需要想定」と言います。電気の需要は、気象条件（気温・天候等）や社会情勢（景気・イベント等）、消費者の節電意識などの影響で変動します。

特に短期的には気温の影響を大きく受け、夏は気温が25℃を上回ると冷房が、冬は20℃

を下回ると暖房の使用が増え、それに伴って電力使用量も増えていきます。これまでの経験から、例えば東京電力の管内では、夏に気温が1℃上がると約170万kW程度電力使用量が増えることがわかっています。170万kWといえば原子力発電所2基分に近い発電能力ですから、気温1℃の違いがどれだけ大きいかがわかります。需要想定の仕事にかかわる人が「僕は電気屋ではなく天気屋です」と言うほど、気温や天候の予測は電気事業にとって重要なのです。

また、社会の動きにも鈍感ではいられません。例えばサッカーワールドカップの試合が放映されると、ハーフタイムのときには電力使用量が跳ね上がります。なぜなら多くの人がそのタイミングでトイレに行くので、ポンプを動かす電力の使用が急増するからです。電力消費のグラフから、ハーフタイムや試合が終わった時間や、どれくらい白熱した接戦だったかまで推測できるほどです。

気温や天候の影響を受けて変化するのは、需要だけではありません。発電できる量（供給力と言います）も日によって変化します。例えば、川の水を使う水力発電所では川の流量が季節あるいは日によって変化しますし、火力発電のひとつのコンバインドサイクル発電という方式の発電所は、外気温が上がる夏季には発電する能力が10～20％程度も下がってしまうなど、発電設備も気温や天候によって大きな影響を受けます。

電気は貯められないので、どこでどれほど作れるか、どこでどれほど使われるかの想定が非常に重要なのです。

「適度な余裕」はどれくらい？

多少の機器トラブルや需要の増加くらいでは供給力が足りなくならないように、とはいえ、過大な設備投資で無駄を抱え込むことにならないように。「適度な余裕」とはどの程度のことを言うのでしょうか。

ピークの時間に使われる電力（最大需要電力）に対して、発電する能力（供給力）が持っている余裕を「予備力」、予備力が最大需要電力に対してどの程度の比率であるかを「予備率」と言います。どれだけ予備率を見込むかはそれぞれの電気事業者が判断しますが、これまでは一般的に8～10％程度の予備率があれば安定供給が可能とされてきました。

実は、東電福島原子力事故以降、日本のほとんどすべての原子力発電所が稼働を停止しているため、日本は今、供給力に不安を抱えています。そのため電力使用量が増える夏・冬の前には、政府が各電力会社の供給力や予備率をチェックして、産業界や消費者に節電要請を行うか否かの検討を行っていますが、そこでは、その季節の間に最もたくさん電気が使われるときでも供給力に3％の余裕があることを基準としています。

2013年度冬の対策は、寒さが厳しかった2011年度（北海道は2010年度）程度まで気温が下がったとしても、どの電力会社も3％の供給予備率は見込めるため、北海道以外は数値目標を示した節電要請などを行う必要はないとされました。

北海道電力の供給力は604万kW、想定される最大需要電力は563万kWで、その差である予備力は41万kW、予備率は7・3％（41万÷563万×100）です。基準となる予備率3％を大きく上回っているにもかかわらず、なぜ北海道だけは数値目標付きの節電要請が行われることとなったのでしょうか。

実は、北海道電力の主力発電所である苫東厚真《とまとうあつま》火力発電所の2号機は60万kW、4号機は70万kWの発電能力があります。どちらか1基が停止しただけで供給力は一気に10％以上、下がってしまうことになります。こうした需要が小さいエリアにおいては、率だけで適正な余裕度を判断しては危険なのです。

２０１８年9月に厚真町を襲った震度7の地震によって、苫東厚真火力発電所は全号機停止、北海道は全域停電に陥りました。泊原子力発電所停止の長期化に伴い、北海道電力は天然ガス火力発電所の新設や本州との連系線強化を進めていましたが、その運転開始の約半年前のことでした。冬の北海道での停電はそれこそ人命に関わる事態になりますので、設備の余裕を厚くすることを求める声も強まっていますが、人口減少等で電力需要が減る中、どこまでコストをかけるべきかも問われています。

電気設備を襲うトラブル——クラゲのせいで運転停止

電気設備のトラブルを起こす原因は様々です。樹木が電線に接触して事故を起こしたり、ネズミにケーブルをかじられてしまったり。最近は金属製のハンガーを集めて巣を作るカラスも多く、これも事故の元になります。電気設備の近くでカラスの巣を発見したら撤去しますが、巣作りをしているときのカラスは気が立っているので、電気設備の保守・点検をする人たちにとっては、とても気が重い仕事のひとつです。

火力発電所や原子力発電所では、タービンを回すために発生させた蒸気を冷やす目的で海水をたくさん使うため、海に棲む生物との攻防が繰り広げられています。

特にクラゲは、夏、電力の供給に余裕がないときに大発生したりしますので、気が抜けません。海水の取り込み口にクラゲ除けのネットを設置したり、近隣の発電所とクラゲ発生通報体制を整備するなどの対策が取られています。しかし例えば、2013年8月、九州電力の苅田発電所新1号機がクラゲの襲来で運転停止しました。

電力設備を守るためには、様々な「天敵」と戦わねばならないのです。

電気を融通し合うには①周波数の壁

日本の電力会社の系統は、沖縄電力を除き、相互に接続されています。東日本大震災のあと、日本は地域をまたいで電力を融通するための周波数変換設備や地域間連系線といった系統連系設備が十分ではなかったとの批判が多く聞かれました。関西では煌々と灯りがついていたのに、関東は計画停電・節電が実施されていたので、その批判も当然といえば当然でしょう。

そもそも、なぜ西日本と東日本では周波数が違うのでしょう。それを知るには、日本の電力の歴史が始まった明治時代までさかのぼる必要があります。

日本初の電力会社である東京電燈が設立されたのは1883年（明治16年）のこと。当時電気は貴重品で、都会の一部で使われるだけでした。長距離送電する技術もなかったので、都会の真ん中で発電して直接近くの消費者に電気を送っていました。東京電燈が最初に作った発電所は、なんと日本橋茅場町の石炭火力発電所で、近隣の銀行や郵便局、郵船会社などに電気を供給していたそうです。その後神戸、大阪、京都、名古屋、品川など大都市に続々と電力会社が立ち上がっていきました。

東西周波数相違の発端は、東京電燈が50Hzのドイツ製発電機を、大阪電燈が

60Hzのアメリカ製発電機を導入したことにあります。当時電気事業は究極のベンチャー・ビジネスであり、よもや日本全土で電力供給が行われ、送電線でつながるとは思っていなかったのかもしれません。

アメリカやイギリスでも電気事業は都心の石炭火力から始まり、当初国内の周波数はバラバラだったそうです。日本でも周波数統一の検討は何度かされましたが、コストや改修工事期間中の電力供給への不安など、多くの課題があったため、九州など部分的な統一を果たした地域はありますが、全国的な統一は断念されてきました。

今、日本全国の周波数を50Hzもしくは60Hzのどちらかに統一するとしたら、いくらかかるのでしょう。2012年3月の政府資料によれば、50Hz地域を60Hzに変える場合、電気事業者側の発電機・タービン・変圧器等の設備の交換のみで約10兆円もの費用がかかるそうです。工場で使われているモーターや一部の家電製品なども買い換え・交換をしなければならない場合もあるので、実際の社会的コストはさらに膨らむ可能性があります。周波数統一は、今の時代になっては現実的ではないと考えたほうがよさそうです。

周波数の統一が難しいとすると、東西日本をまたぐ電力のやりとりを増やすには、周波数変換設備を増強するしかありません。しかし、東京電力と中部電力の間にある周波数変換設備を90万kW増強するのに、10年程度から20年以上の工期と、1300〜3600億円の工事費がかかるそうです。50Hz、60Hz地域でそれぞれ発電設備の余力を持ったほうがコスト効果が高い可能性も十分あり、いざというときの融通のためにそれだけのコストと時間をかけてよいのか、悩むところです。ちなみに、各電源のコストを検証する委員会で、発電所の建設費を試算したところ、石炭火力は80万kWのもので2200億円、LNG火力は140万kWのもので1850億円となりました。

東日本大震災を経験する前は、需給が逼迫すると言えば、夏の高温などで電気の需要が急増してしまうという事態、あるいはどこかの電力会社での設備トラブルが想定されていました。前者であれば、自分が厳しいときはお隣も厳しいという状況が一般的でしょうから、自社の発電設備で頑張るしかありません。

後者の設備トラブルであれば、例えば東京電力が供給力不足に陥れば東北電力に融通してもらえばよく、東日本と西日本で周波数の壁を越えて融通しなければならない事態はあまり想定されてこなかったのです。東日本が広く甚大な被害を受けた東日本大震災は、この点では本当に「想定外」だったと言えます。

電気を融通し合うには②地域間連系線の現状

日本の地域間の連系線と、比較のために、ヨーロッパの国際間の連系線を見てみましょう。日本の地域間連系線は「くし形」と呼ばれ、基本的にはお隣同士としか連系していません。ヨーロッパは「メッシュ状」と言われ、例えばドイツはこの図にある国とだけではなく、東欧も含めた周辺各国と送電線が連系しています（図2-4）。

なぜ、日本の連系線はこのような形状をしているのでしょうか。図の上に、日本の国土を思い浮かべてみていただければすぐにピンとくると思います。日本は国土が南北に縦長なので、お隣との接続は増やせてもそれ以外の地域と連

図2-4 日本とヨーロッパの電力系統構成

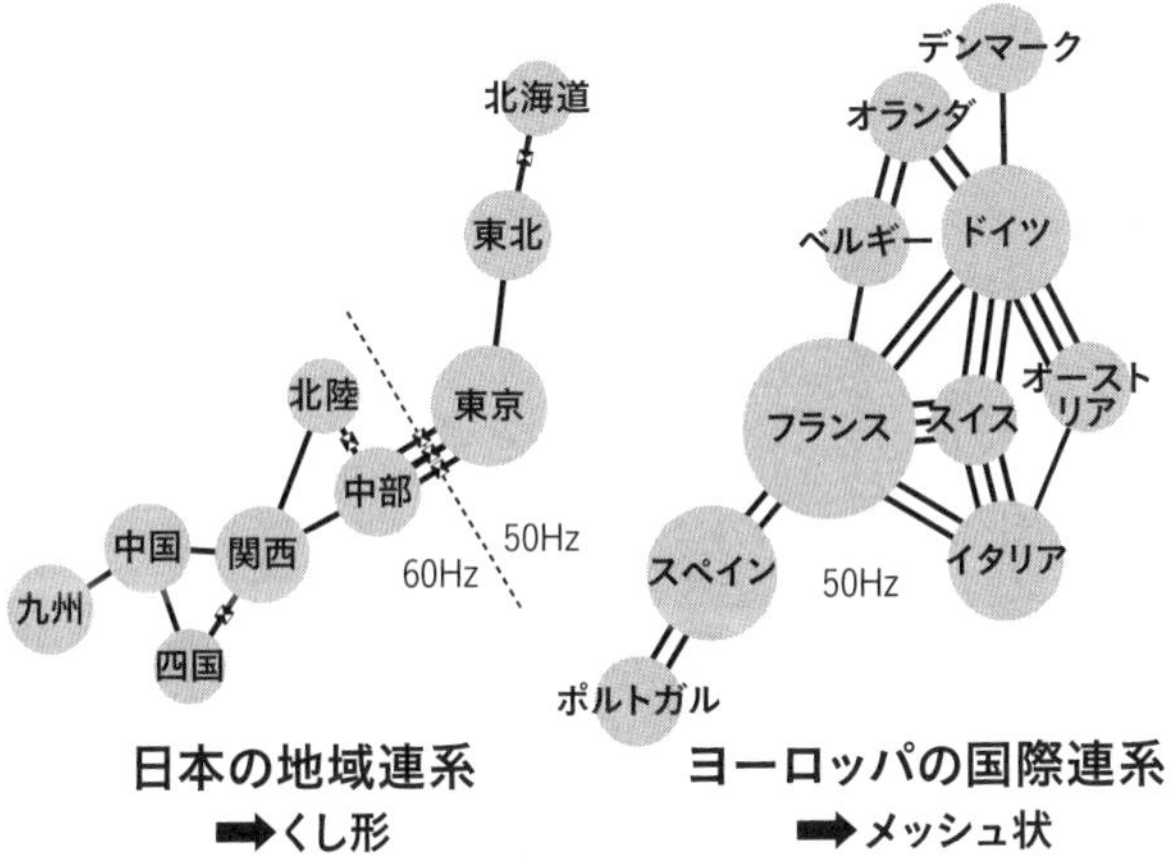

出典：経済産業省「次世代送配電ネットワーク研究会」報告書

系線を結ぶのは困難です。

発電所の立地場所の違いも大きく作用しています。ヨーロッパは、内陸部の都市に近い場所に火力発電所や原子力発電所が立地していますが、日本においては火力・原子力発電所は海沿いに連なっています。日本は化石燃料、ウラン燃料のほぼすべてを海外からの輸入に頼っていますが、ヨーロッパは石炭などの資源が自国に産出する国もありますし（ポーランドやドイツなど）、域内に天然ガスを供給するパイプラインも敷設されているため、海外からの資源輸入の比率が日本に比べて少なく、海沿いに発電所を作る必要性が低いのです。

その上、日本の河川は流れが急で季節に

よって流量の変化も大きいのに対し、ヨーロッパには大きく安定した流量の河川があるため、火力・原子力発電所で必要な大量の冷却水（タービンを回すために発生させた蒸気を冷却する水）は、海水ではなく河川の水を使うことが可能です。燃料調達や河川の違いにより、日本は火力・原子力発電所が海沿いに連なり、ヨーロッパは消費地の近くに点在するのです。こうした発電所の立地場所の違いもあって、日本はお隣との接点が1点、ないしは2～3点と少なくなってしまうのです。

ただし、ヨーロッパ方式がよくて日本方式が悪い、というわけではありません。メッシュ状の系統では事故に対する耐性は強いとされる一方で、いったん事故が起きると連鎖的に事故が拡大して広域停電が起きやすいというデメリットもあります。日本の系統は、電気の流れを監視・制御しやすいため広域停電が起きにくいことがメリットであると言われています。

左の図（図2-5）は各地域の2010、2011年度の最大需要電力と地域間連系線・設備で送ることができる電気の量を表したものです。北海道電力は、東北電力1社としか接続がありませんが、600万kW弱の最大需要電力に

図2-5 各地域の最大需要電力と地域間連系線で送ることができる電気の量

注1:(　)内の数値は、地域間連系設備(全設備健全時)の熱容量。
注2:各電力管内の数値は2010、2011年度の最大需要電力(H1)。
出典:経済産業省HP

対して60万kW、すなわち1割程度の融通を受けられることになっていることがわかりますね。ヨーロッパでは、国際連系線の送電容量を各国の最大需要電力の1割程度とすることを目標としているので、日本の連系線が国際的に見て不十分であるとも言い切れません。

ただし、これは設計上の容量ですので、周波数や電圧などの状況によって実際に送電できる容量はこれより少なくなってしまいます。また、電力各社は連系線の一定部分を「いざというときの設備」として普段は使わないようにしています。

系統連系線を強化するメリットとコスト

系統連系線を強化すれば、電力融通が容易になり安定供給確保に資するだけではなく、再エネの導入も促進されると言われます。電気は生産地と消費地が近いほうが効率がよいのですが、再エネの導入ポテンシャルは自然条件や土地の確保可能性で決まります。今後特に、土地が安価で安定的な風況が期待される北海道で再エネが拡大することが見込まれています。しかし北海道はそれほど大きな電力消費地ではありませんから、本州の大消費地まで再エネの電気を運んでくる必要があるのです。

では、連系線を強化するためにはいくらくらいかかるのでしょう。政府の試算では、風力発電の適地とされる北海道や東北の一部に仮に590万kWの風力・太陽光発電が導入された場合、北海道と本州を結ぶ北本連系線等を含めて基幹送電網を整備するためには1兆1700億円程度が必要とされています。

「日本全体で電力を融通し合えば無駄も省けるし、再エネの導入も進む」と簡単に言う識者も多いのですが、コストもさることながら、送電線の整備というのは地味ながら非常に大変な仕事です。電磁波の健康影響への懸念や景観悪化の問題から、鉄塔や送電線は「迷惑施設」と呼ばれる嫌われ者です。鉄塔をつなぎ、最後の1メートルも残さずひとつの線にしなければ意味がありません。送電線の下の土地の地主さんにとっては、電気が素通りしていくだけなので協力しようという気になりづらいのは当然で、用地買収にも長い時間がかかります。

送電網の整備には長い時間がかかりますので、電源構成や電力システムの変化を先取りする必要がある一方、莫大なコストがかかるので無駄がないよう慎重に計画することが求められます。

電気はどう使われるか——需要コントロール策のこれまで

東日本大震災を機に、需要に合わせて供給力を確保するのではなく、需要抑制策を充実させるべきであるとの論調が強まり、新たな技術も活用した試みが広がっています。ここでは、供給が足りないときに需要はどのようにして、どこまで抑制できるかを考えてみましょう。

1年のうち、最大需要電力に近いほど多くの電気が使われるのは10日間程度、その間のピーク時間帯の使用量を抑えれば設備投資を抑える効果が期待できます。電気の使われ方は平坦なほうがよいので、電力会社はPR活動のほか、時間帯別料金や特別な契約メニューの設定等によって、ユーザー側で電気の使い方をコントロールする仕組みを促進しています。

例えば、わが家は東京電力の時間帯別料金メニュー「電化上手」の契約をしています。これは1日を、最も電気料金が安い夜間（午後11時〜朝7時）、真ん中の朝・晩（午前7～10時、午後5～11時）、最も高い昼間（午前10時～午後5時）の3つに分け、それぞれの時間帯ごとに使用量を測るメーターがついています。そのため、洗濯や家電の充電など時間をずらせることはできるだけ夜間もしくは朝・晩にして、電気料金を節約するようにしています。電力自由化をきっかけにメニューも多様になってきていますので、まずは比較サイトで情報を集めてみるのもよいでしょう。

大口の需要家向けには、計画的に夏休みなどをずらしてもらう契約や緊急時に電力会社からの要請で電気の使用をストップしてもらう契約などもあります。この場合には、例えば電力会社から要請があった場合、1時間以内に電気の使用を停止してもらうことを条件に、普段から割り引いた電気料金を適用することとなっています。

電力使用制限令による抑制

東日本大震災直後の2011年夏、東京電力・東北電力の管内では、電気を多く使う工場などの大口需要家には政府の電力使用制限令が出され、前年同期間に対してピーク時に使用する電気（最大電力）を15％削減することが求められました。これは単なる節電のお願いではなく、実績の提出や目標未達成であれば理由の聴取等も行われ、故意による違反は100万円以下の罰金の対象となる法律上の措置です。

電力使用制限令が出されたのは、1974年、第1次オイルショックのとき以来でした。当時は燃料である石油が足りなかったので、電力使用量（kWh）を節減することが求められたのですが、今回は発電設備不足によるものでしたので、ピーク時に使用する電力（kW）を抑制することが義務づけられました。

kWhを節減すれば電気料金の負担が減りますが、kWを抑えることは電気料金の負担軽減には直結しません。ピーク時間帯の電力使用量を抑えるために、操業時間をずらしたり土日操業とするなどの対策を取らざるを得ず、生産時間が間延びしたことでかえって電力使用量（kWh）が増えてしまったり、残業の増加で人件費などほかのコスト負担も増大したりしましたので、企業にとっては大変な重荷となりました。従業員の健康・福祉の観点からも今後こうした対策を継続することはできないとの声が多く聞かれたのも当然のことでしょう（図2-

6)。

震災後節電マインドも定着してきていますが、大手ハウスメーカーが2012年に実施したアンケートでは、「節電に対してストレスを感じていますか?」という質問に対して、回答者約2700人のうち約3割が感じていると回答したそうです。

「生活の中の無駄を見直せば足りる」あるいは「少々の我慢ならできる」と言う人も多いのですが、快適な状況で議論する「架空の節電」には協力的になれても、いざそうなったときに本当にスイッチを切ることができるかどうかはわかりません。そのため、需給がタイトになる時間帯に電力の使用が自動的に抑えられるようなスマートな需要抑制策への期待が高まっています。

スマート技術の今

電力使用のスマート化の肝とされているのが、スマートメーターです。電力会社との双方向通信機能を有する電子式メーターを言い、自動検針はもちろん、電力使用量の見える化や、30分ごとの検針によってきめ細かな料金メ

電力料金上昇について全業種78.1%、製造業83.7%が影響を懸念

電力料金上昇の影響の有無

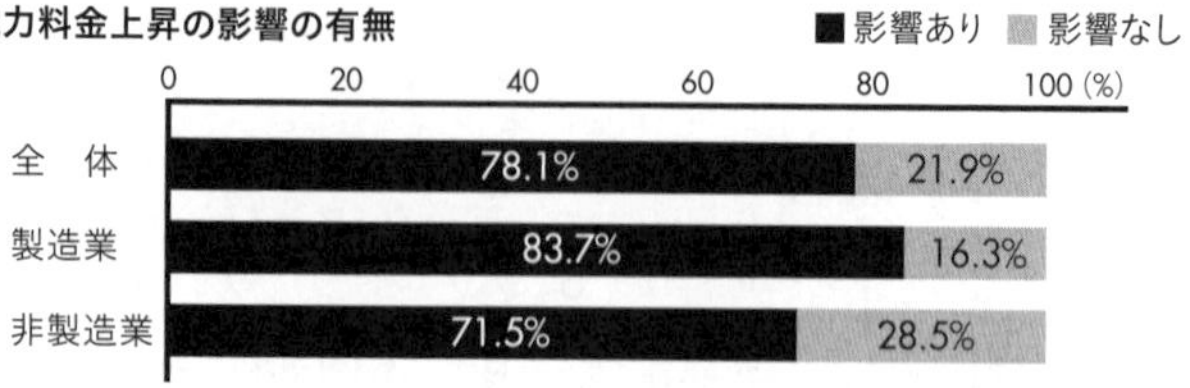

「影響あり」とする製造業のうち、92.3%が「**販売価格に転嫁できない**ため利益が減少する」と回答

電力料金上昇の影響の内容(製造業、複数回答)

生産・営業を抑制	13.1%
給与・人員を削減	25.4%
設備投資・研究開発の抑制	20.8%
海外移転を検討	10.8%
設備投資が必要	39.2%
販売価格に転嫁できないため利益が減少	92.3%
取引先の海外移転で受注・販売が減少	24.6%
その他	3.1%

中小企業の生の声

- **すでに十分節電**している。**これ以上の節電は無理**であり、**製造ラインを一部停止**(シリコンゴム製造)
- 電気動力の機器の代替に軽油動力の機器をレンタルした。**燃料費、レンタル費とも全く無駄な出費**(鍛造)
- 取引先が**土日操業**。他業界の受注もあり、**木金休めず、従業員に無理**をお願いした。**人件費・電気料金も増加**(機器製造)
- 地元製造大手の製造拠点が**海外に転出**。外資系も撤退検討。電力不足はリスクだけで影響大(製造)
- 産業、国民生活が電気に依存している以上、**電力安定供給は国の基本**(部品製造)

図2-6 電力不足による中小企業の経営への影響

電力不足や電力価格高騰は、中小企業の経営に大きく影響

東京電力・東北電力管内の商工会議所会員企業へのアンケート(2011年9/30〜10/7)より

電力不足に対し、製造業では、13.1%が**生産抑制**で対応、**労働強化**も顕著

今夏に行った節電対策(製造業)(複数回答)(無回答・非該当を除く)

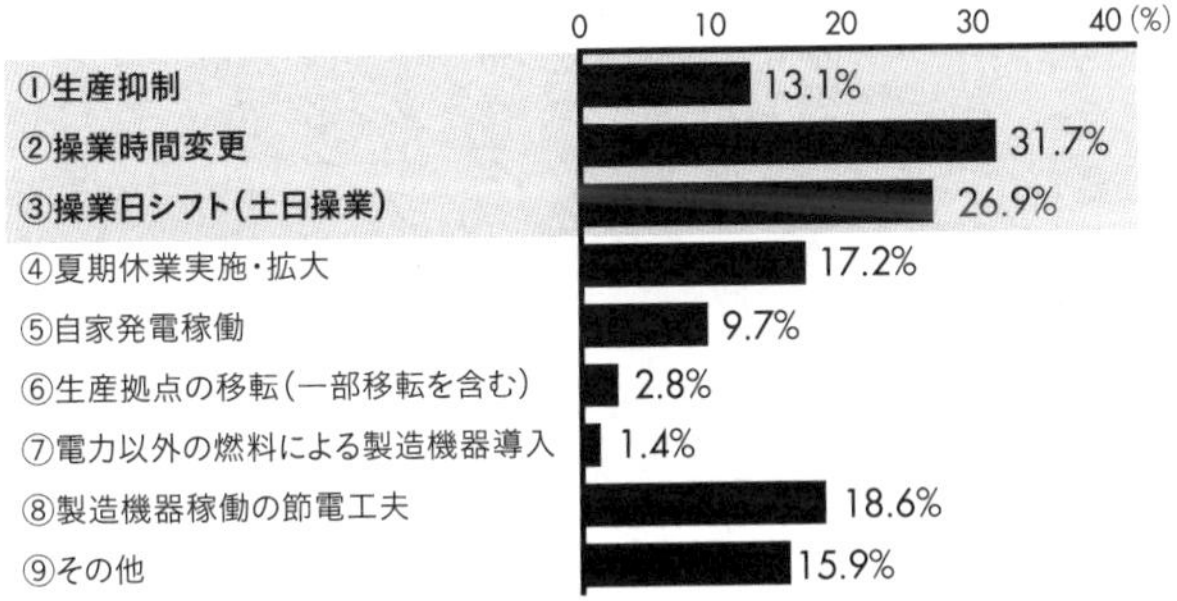

・全体の30.1%、製造業の40.7%で**コスト増**が発生。大口需要家では53.0%
・製造業では半数以上で**人件費・光熱費が増加**

契約種別ごとの「コスト増発生」の割合

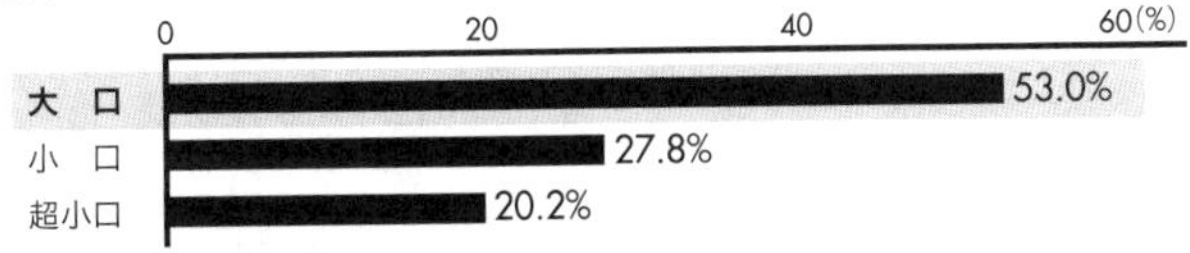

「コスト増発生」回答の要因内訳(製造業、複数回答)

設備更新・補修等	32.2%
自家発電の燃料等	13.6%
人件費・光熱費等	54.2%
その他	32.2%

出典:日本商工会議所、新大綱作成会議提出資料(2011年11月30日)

ニューの設定が可能となります。細かく計量して見える化することで、消費者がピーク時に電力の使用をやめる（ピークカット）、時間をずらして使う（ピークシフト）ことを促す効果などが期待されています。２０１６年４月には家庭も含めた全面自由化が開始され、政府は「２０２０年代早期にスマートメーターを全世帯・全事業所に導入」を目標として掲げています。

スマートメーターとあわせて、家の中のエネルギー利用をコントロールする「ＨＥＭＳ（Home Energy Management System の略。ヘムスと読みます）」というシステムを導入することで、家庭の中の様々な電化製品が電気料金の安い時間帯に稼働するように自動制御できるようになることも期待されています。すでに従来型分電盤と1万円程度の価格差でこうした制御・表示機能のある分電盤が製品化されていますので、もう現実化している技術です。ただ、特に電気のメーターは屋外に設置されていますので、情報セキュリティーもしっかりしておかなければ、在宅・不在だけでなく、家の中のどこに人がいるのかなどが外部に漏れてしまう危険性もあるので注意が必要です。

外出先からスマートフォンなどで電源を入り切りできるスマート家電への期

待も高まっています。しかし、実は2012年9月にパナソニックが発売予定だった、外出先からスマートフォンで起動できる機能のついたエアコンが「電気用品安全法」に抵触する恐れがあるとして、その機能を削除して売りだすという出来事がありました。

電気は使用される機器や状況によって、ときに火災を引き起こす危険な側面もあることから定められた法律ですが、まだ新しい技術に対応した改正が行われていなかったためにこうしたトラブルが発生してしまったのです。その後、2013年5月には改正が行われ、外出先からエアコンONができるアプリが発表されましたが、技術の進歩と合わせて、法律・規制を含めた社会環境整備を行う必要があることに改めて気づかされた出来事でした。

スマート○○への期待は大きく持ちつつ足元のエネルギー政策は夢を見すぎることなく、環境整備もしっかりとしていかねばなりません。スマート社会にいちばん必要なのは、私たち消費者がスマートになることなのかもしれません。

価格で需要はどこまでコントロールできるか

スマートメーターが普及すれば、供給が逼迫する時間帯に電気料金を高くすることで需要を抑制する「デマンドレスポンス」と呼ばれる仕組みも拡大できると期待されています。

デマンドレスポンスとは聞き慣れない言葉だと思いますが、野菜の値段で考えてみましょう。例えばキャベツが不作であれば値段が上がります。消費者は単純に買うことをやめるか、あるいはレタスなど、ほかに似たような商品を買って代わりにします。キャベツを買う人は少なくなりますから価格の上昇は抑制され、ある程度のところで需要と供給のバランスが取れます。これが市場による価格メカニズムです。食料品等の生活必需品で代替がきかないものは価格が上がっても買う人が多く、贅沢品は価格が上がれば買わない人が多い。

電気の需要は、価格でどれくらいコントロールできるのでしょう。

政府は２０１２年夏、京都府のけいはんな学研都市、北九州市で実証実験を行い、「電気料金を3～10倍に引き上げる場合、電力使用のピークを20％程度抑制する効果が確認されている」と期待を寄せています。しかし私は、10倍もの値段の差をつけても20％の抑制しかできないと理解すべきだと考えています。電気には必要とされるタイミングや理由があるので、電気料金だけでそれを動かすことは相当難しいのです。究極の生活必需品である電気の需給調整を価格メカニズムに頼ることで生じる不都合をどう解決するのか、慎重に検討し、消費者への理解活動も徹底して行うことが求められます。

価格メカニズムの限界――計画停電は防げたか

東日本大震災のあと東京電力が計画停電を実施しなければならなかったのは、こうした価格メカニズムの導入が不十分だったために、需要を抑制できなかったからだという指摘がなされました。

しかし東日本大震災のケースで言えば、価格メカニズムで計画停電を避けることは、相当難しかったでしょう。津波は東京電力の福島の原子力発電所だけではなく、福島や茨城などにある火力発電所も襲い、内陸にある水力発電所も地震で大きな被害を受けました。東京電力が失ったのは合計2100万kW、同社の供給力の約3分の1に当たります。これほどの供給力を失った場合には、短期的にどれほど価格が上昇すれば計画停電を防げたのかの検証は行われていません。

1950年代初頭以来、経験のない計画停電とあって様々な不手際があったことは確かですが、今、当時を振り返ると、震災後余震が続き不安が募る中、電気の値段が高くて使えないというみじめな思いを味わうよりは、隣近所も一緒に2時間我慢するというほうが、まだ救いがあったように思います。また、価格をいくら高くしても、これほどの供給力喪失に追いつく需要抑制ができなければ、結局部分的にでも計画停電を実施せざるを得なかったでしょう。

また、2012年10月、アメリカ東海岸に上陸したハリケーン・サンディは、合計850万軒という過去最大規模の停電を引き起こし、復旧まで約2週間から1ヶ月を要しました。

市場による価格メカニズムが導入されているエリアでも、それが有効に機能して計画停電が短くなった、停電が少なくて済んだとは評価されていません。

価格メカニズムによる調整では、消費者のレスポンスの確実さと早さというふたつの点で不確実性があります。価格はあくまでインセンティブであり、スイッチをつけるのも切るのも消費者だからです。需給逼迫が目前に迫ってきた場合に素早く需要を抑えるためにも、自動的な制御が必要です。

スマートメーターとHEMSやBEMS(Building Energy Management Systemの略。ベムスと読みます。建物のエネルギー利用をコントロールするシステムのこと)などのコントロールシステムの導入により、電力会社から需給逼迫を知らせる信号を受信した場合には、ユーザーが事前につけておいた優先順位に従って電気製品の稼働が自動的に止まるような技術が普及し、確実かつ素早い需要抑制が可能になることが期待されています。

2 エネルギーを語るなら知っておきたい常識

東日本大震災以降、エネルギーについて様々な情報や議論が飛び交っています。エネルギーは「ライフライン」。まさに命綱であり生命線ですから、エネルギー政策の議論に消費者が参加するのはとても大切なことです。

ただ、今までエネルギーはあるのが当たり前だったのに、突然多くの、しかもたいていは断片的な情報が降り注いだので、消化不良を起こしている人も多いようです。そんなときの鉄則は、基本に返り、己を知ること。まずはエネルギー政策の基本に立ち返り、日本のエネルギーの歴史を見てみましょう。

基本は「3つのE」

エネルギー政策の基本とは3E、すなわち

・Energy Security（エネルギー安全保障・安定供給）
・Economy（経済性）
・Environment（環境性）

という3つの観点から見てバランスを取ることにあります（図2-7）。当たり前すぎてつまらなく聞こえるかもしれませんが、そこにこそ難しさがあるので

図2-7 エネルギー政策の視点 3E+S

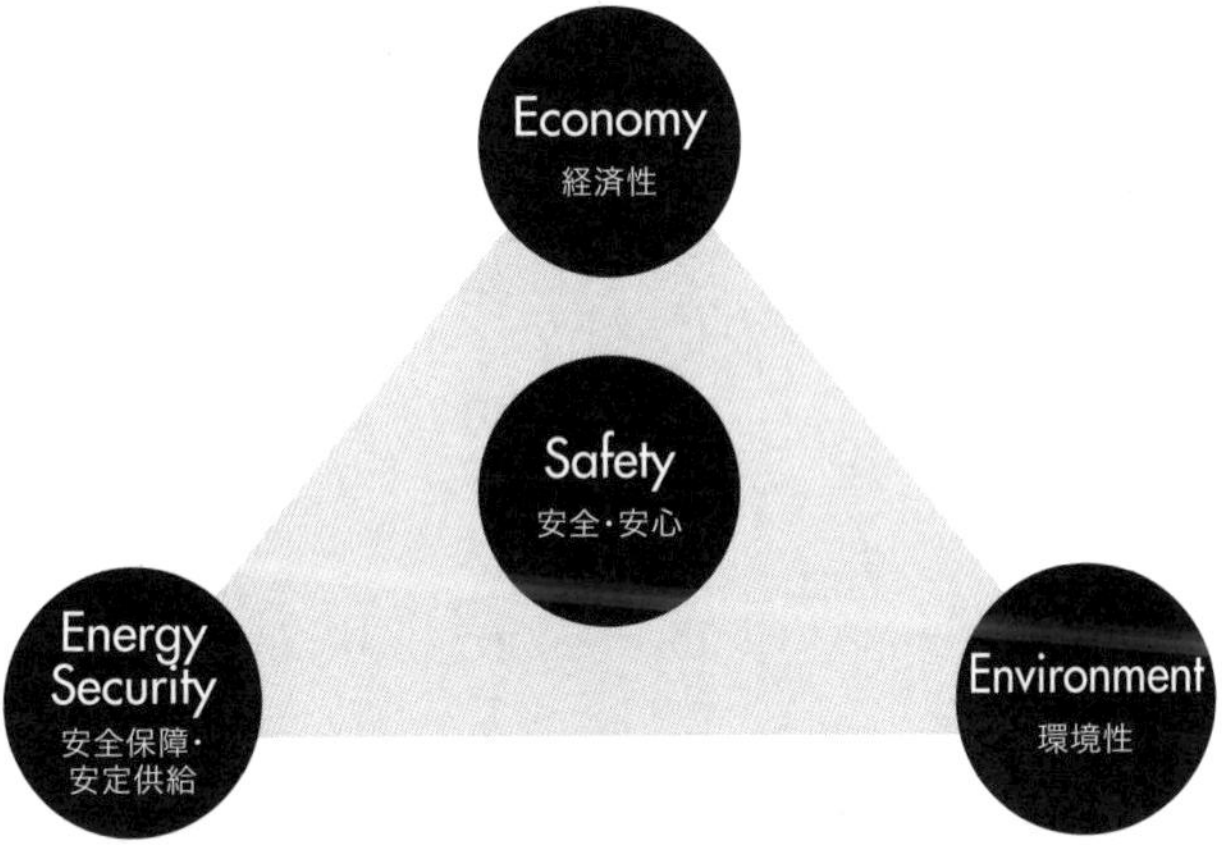

3Eのどれを重視するかは時代背景等により変化

す。この3つを常に同等の重みで考えればいいわけではありません。

いずれの国でも、当初は量の確保（Energy Security）と経済性（Economy）が優先し、そこに環境性（Environment）が加わりました。環境性は当初、大気や水質汚染など公害問題への対処を意味しましたが、1990年代後半くらいから地球温暖化対策の意味合いが主となりました。

いずれにしても歴史的に見て環境性は最後の柱であり、エネルギー政策の基本は3Eというより、「2E＋E」と表現したほうがよいかもしれません。

3つのEの中でのバランスの付け方・優先順位は、その国・地域がそもそも持っている条件、すなわち化石燃料や自然エネルギーにどれだけ恵まれているか、気候、地形、人口構成や産業構造、景気動向、国民性、どのような社会を目指すかなど様々な要素によって異なり、同じ国や地域であっても時代によって何が重要視されるかは変化します。日本のたどってきた道を振り返りながら、エネルギー政策の「3E」の意味を考えていきましょう。

第1のEは「Energy Security」

昭和天皇が太平洋戦争を評して「油に始まり油に終わった」とご発言されたエピソードはご存じですか。戦争の原因は民族や宗教の問題など様々ですが、根底には必ず化石燃料や水など「資源」の争奪があると言われています。

日本は残念ながら化石燃料資源には恵まれず、東日本大震災後、一次エネルギー自給率は一時、6%にまで落ち込みました。ほかの先進国と比べても大変寂しい数字です（図2-8）。燃料を装荷すれば長い期間発電できる原子力を「準国産」と見なして東日本大震災前は約20%の自給率でしたが、震災後原子力の稼働が減り、自給率も下落したのです。「石油を獲得するために戦争を始

図2-8 エネルギー自給率の国別推移

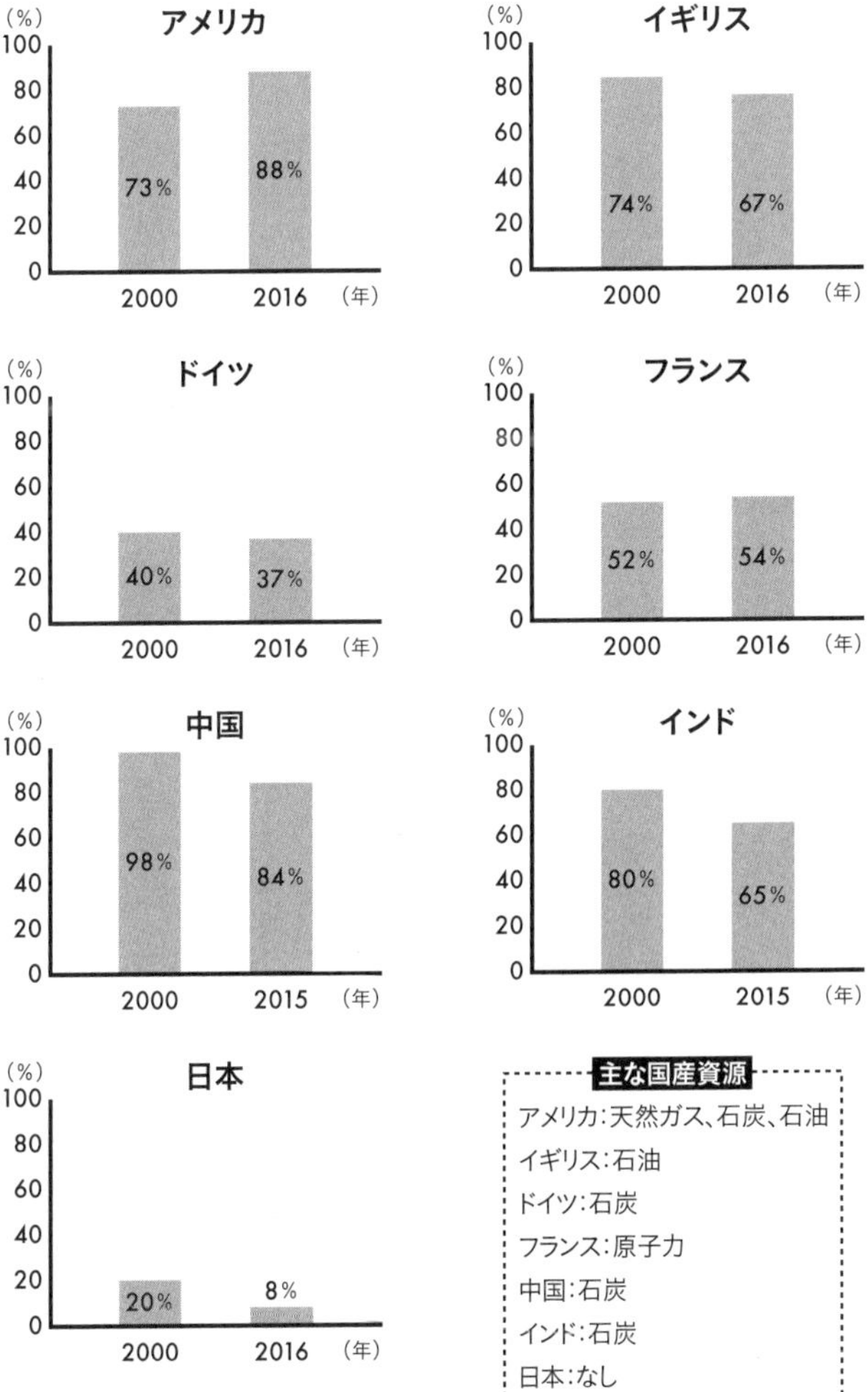

主な国産資源

アメリカ:天然ガス、石炭、石油
イギリス:石油
ドイツ:石炭
フランス:原子力
中国:石炭
インド:石炭
日本:なし

出典:資源エネルギー庁資料。

め、石油がないために戦争に負けた」というのが昭和天皇のご発言の真意だと言われています。

戦時中、電力は国家統制されていましたが、1951年に現在のような地域ごとの民間電力会社が設立されました。いわゆる「9電力体制」のスタートです。大規模な電源開発を行うには相当の経済的基盤が必要ですが、当時の電力会社にはまだそれほどの体力がなかったため、1952年には国が3分の2を出資する「電源開発株式会社」（その名の通り、電源を開発して電力会社に電気を卸売りする会社です）も設立されました。

戦後復興期には主として水力発電所の開発が行われました。関西電力が当時の資本金の約5倍にもあたる総工費513億円を投じ、社運をかけて黒四ダム開発を行った話は、映画「黒部の太陽」に描かれていますので、ご存じの方も多いかもしれませんね。その後、開発に莫大な投資が必要な水力よりも火力開発を優先させるべきとの判断があったことや、水力発電に適した場所も開発しつくされてきたことから、火力発電所の増強が行われました。急速な経済復興を支えるべく、官民をあげて電力の安定供給に取り組んでいた時代でした。

二度の原子爆弾投下を超えて

日本が原子力技術の平和利用、すなわち原子力発電の実施に踏み出すことを定めた「原子力基本法」の制定は1955年、終戦からわずか10年後のことでした。第二次世界大戦中、二度にわたり原子爆弾を投下されたわが国では、原子力技術を導入することに対して当然強い抵抗感が存在しました。特に科学者は、戦争に協力させられたことに深い後悔の念を抱き、核兵器開発につながる可能性がある原子力技術の導入に反対した人も多かったのです。

しかし、資源に乏しい日本にとって、原子力発電は「夢のエネルギー源」だとの報道や論調が徐々に増えていきました。朝日新聞が「原子力に平和の用途」と題する論説を掲載したのは敗戦からわずか2年半後、1948年2月29日のことです。「豊富低廉」、すなわち大量の電気を安定的に、安価で供給できる技術として期待が高まり、「原子爆弾投下を受けた日本だからこそ、原子力技術の平和利用をする権利がある」という考えが大勢を占めるようになりました。

原子力基本法は、自由民主党と日本社会党という与野党共同の提案による議員立法で成立しました。与野党が共に原子力の利用を目指していたのです。このエピソードひとつをとっても、安価で大量の電気に対する渇望を癒やすことは国家の命題であったということがわかります。

1966年に日本原子力発電株式会社が茨城県東海村に建てた東海発電所が日本初の商業用原子力発電所として稼働、原子力発電が電源構成の中で一定程度の存在感を示すようになったのは1970年代後半以降のことです。

電力需要の急増――日本の電化の進展

1964年の東京オリンピックを機に日本は経済大国への道を歩み出し、電力需要も飛躍的に高まっていきました。

貧しい中にも人情にあふれた登場人物が織りなす優しいストーリーで人気の映画「ALWAYS――三丁目の夕日」シリーズをご覧になったことはありますか？　あのシリーズを見ていると、当時と今の社会における「電気」の位置づけの違いがよくわかります。

第2作の舞台は1959年。たらいと洗濯板を使う家、洗濯機を使うお隣さん。ただしその洗濯機に脱水機はついておらず、脱水は洗濯機の縁についているローラーを手で回してやっています。当時「三種の神器」と呼ばれた「冷蔵庫・洗濯機・白黒テレビ」が普及し始めた様子がわかります。

第3作は1964年、東京オリンピックの頃。主人公一家がカラーテレビを買い求め、近所からたくさんの人が見に集まってくるシーンや「うちもクーラー買っちゃうか？」といったセリフによって、のちに3Cと言われた「カー・クーラー・カラーテレビ」の浸透をうかがい知ることができます。

今は北海道を除く日本全国で、夏に最も多くの電気が使われますが、そうなったのは贅沢品であったクーラーが普及し始めてからのこと。1966年に関西電力のエリア内で夏の最大電力が冬を上回り、これが「夏季ピーク」の始まりです。

当時の電力需要はまさにうなぎのぼりでした。1960年の発電量は1017億kWh、それが1965年には1676億kWhとなり、1970年には3076億kWhにまで急拡大したのです。また、世界的に石炭から石油にエネルギー源が転換しつつあり、日本においても石油火力発電の割合が増えていきました。

「殿、『油断』召さるな」

こうして驚異的な復興と成長を謳歌していた日本（だけではなく世界）を襲ったのが1973年の第1次オイルショックです。当時日本は、エネルギー資源の約8割、電源の約7割を石油に頼っていたため、燃料やトイレットペーパー、洗剤といったモノ不足と電源不足で、国民生活の細部にまで影響が及びました。

「エネルギー白書（平成18年度版）」には、街灯やネオンサインの消灯、エレベーター等の一部使用停止、テレビの深夜放送取りやめ、さらに長距離トラックが他府県で給油を受けられず農産物の輸送が滞ったり、遠洋漁業に出ていた一部の漁船が海外寄港地で給油を断られ急遽日本から給油タンカーが派遣されたなど、今からでは想像もできないような混乱ぶりが紹介されています。

当時の電気事業連合会会長が記者会見で「超非常事態だ。もう一度、終戦直後の何もない時代に立ち返る覚悟が必要だ」と危機感を露わにすれば、田中角栄首相も「油乞《あぶらご》い外交」と揶揄されながらも、産油国に「友好国」と認めてもらうよう必死の働きかけを行いました。結局、1973年の年末から翌年までにオイルショックの混乱は収まったのですが、戦後復興の過程で忘れかけていたエネルギー確保の重要性を「資源貧国」日本は突きつけられたのです。

1973年と1979年の二度にわたるオイルショックで、電気料金は5割以上高騰してしまいました。電力を大量に消費し、かつ、秒単位以下の停電でも生産ラインに影響を受けるアルミ製錬産業は海外に拠点を移さざるを得なくなり、日本から消えてしまいました。しかし、日本国内に残った産業は省エネへの取り組みを強め、日本の産業界は世界でも稀に見る省エネ成長を遂げていくことになるのです。

脱石油。多様化&多様化

オイルショックの経験により、電気は安定供給が最重要事項であり、そのためには、電源の多様化や燃料調達先の多様化によるエネルギー安全保障の確立が必要であると、日本人は骨身に沁みて実感しました。

今や日本は世界最大のＬＮＧ消費国ですが、初めての輸入は１９６９年。東京ガスと東京電力が共同で調達し、公害対策として環境性に優れる天然ガスの利用を始めたのがきっかけです。オイルショックによって、公害対策としてだけではなく、石油依存度を低下させる観点からもＬＮＧに高い期待が寄せられ、導入量は飛躍的に伸びていきました。

なお、ＬＮＧとは液化天然ガスのことです。日本は島国であり、ガスをパイプラインで輸入できないので、天然ガスの温度をマイナス１６０℃程度まで下げて液化し、専用のタンカーで輸入。再び温度を上げてガスにして使用します。液化や輸送のために莫大な設備投資をせねばなりませんが、脱石油のためには必要だと判断されたのです。

政府は１９７４年６月に「電源三法」（電源開発促進税法、電源開発促進対策特別会計法、発電用施設周辺地域整備法の３つを総称するもの）を公布、「電源開発促進税」を発電所の立地自治体に還元することなどで、電源の開発を支援することとなりました。こうした後押しもあって、ＬＮＧ火力や原子力など石油火力以外の発電所の新設が続きました。

実は、新エネルギーに関する技術研究開発も当時から始まっていました。1974年7月にスタートし、太陽、地熱、石炭、水素エネルギー技術の4つに重点を置いた「サンシャイン計画」がそれです。その後、1978年には省エネ技術について「ムーンライト計画」が立ち上げられ、それぞれ巨額の国費が投じられました（31ページ参照）。

原油の調達先についても、中東以外の中国やインドネシアからの輸入を増やし、1967年に9割以上であった中東地域からの輸入の割合を1987年には7割以下にまで低下させました（震災後再び約9割が中東依存に戻ってしまっているのですが）。

資源貧国である日本でエネルギーの安定供給を確保するために、新エネルギーも含め電源を多様化すること、そして化石燃料の調達先を多様化することが最重要課題とされていたのです。

第2のEは「Economy」――日本の電気料金は世界一高い

1980年代半ばともなると電源の3割を原子力が、2割をLNG火力が占め、石油頼みの解消はかなり進みました。エネルギー安全保障・安定供給の心配がなくなってくると気になるのが「お値段」。

石油価格が下落したのに、オイルショックで跳ね上がった電気料金がそれほど下がらないことへの不満もあり、電気料金低減を求める声が強くなっていきました。特に産業界にとっては海外のライバル企業と競争する上で、電気料金が高いことは大きな足かせとなるので、海外と国内の価格差縮小が求められたのは当然でしょう。

欧米各国で電力自由化が行われた影響や（48〜51ページ参照）、日本の電力市場への進出を狙う企業の圧力を受けたアメリカ政府の要請もあり、日本でも電力自由化論が活発になりました。東日本大震災以降初めて電力自由化の議論を聞いた人もいるかもしれませんが、実は1980年代末から議論が始まり、1995年の第1次制度改革を皮切りに自由化範囲を拡大し、この間、日本の電力価格は低下してきました（図2-9）。

しばしば「日本は世界一電気料金が高い」と言われます。「太陽は東から昇り西に沈む」と同じくらい（？）当たり前のこととして言われてきた言葉です

図2-9 一般電気事業者の電気料金推移

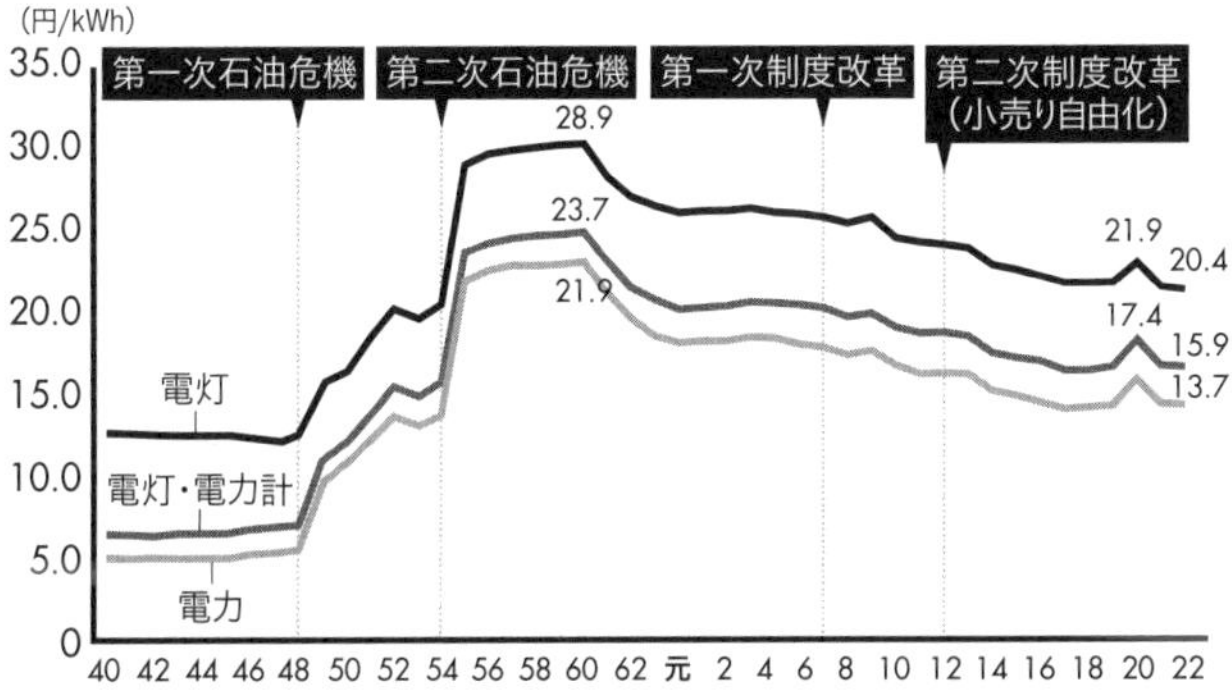

※電灯料金は、主に一般家庭部門における電気料金の平均単価で、電力料金は、自由化対象需要分を含み、主に工場、オフィス等に対する電気料金の平均単価。
※平均単価の算定方法は、電灯料収入、電力料収入をそれぞれ電灯、電力(自由化対象需要分を含む)の販売電力量(kWh)で除したもの。
出典:資源エネルギー庁

が、日本の電気料金は本当に世界一高いのでしょうか。

異なる通貨を使う国でのモノの値段を比較するには、為替レートによる換算をして比較する方法と、購買力平価による換算をして比較する方法の、主にふたつの手法があります。

為替レートによる換算はシンプルですが、為替レート変動の影響を受けてしまいます。例えば今日(2014年3月20日)の米ドルと日本円の為替レートは、1ドル=102円ですが、2年前は83円でした。1ドルに対する円の価値が25%近く安くなっていますので、このふたつの時点でアメリカと日本の電気料金を比較すると、それぞれの国内では電気料金が変動していなくても日本の電気料金が割安になったことになります。

もうひとつは、購買力平価という指標を使う方法です。海外に行ったとき、世界展開しているチェーン店をのぞいて、日本で売っているのと同じ商品がいくらかを見てみると、その国の物価レベルがわかりますよね。300円のコーヒーが2ドルで売られていれば、300円と2ドルの価値がほぼ同等と言えます。約120カ国に出店しているマクドナルドやコーヒーチェーンのスターバックスの商品を指標として、英国の経済誌「エコノミスト」は毎年「ビッグマック・インデックス」や「トールラテ・インデックス」を発表しています。

このような比較を複数の商品で行って算出された「購買力平価」を使って電気料金の比較を行えば、為替レートの変動の影響を排除することができます。ただし、日本のようにここのところずっとデフレで物価が下がっていた国と、インフレ基調にあった国とではやはり比較の公平性に限界があります。

完璧な比較はできないということを念頭に置いた上で、次のグラフを見てみましょう。資源エネルギー庁が2011年8月に公表した「電気料金の各国比較について」です（図2-10、図2-11）。これは2000年と2009年の各国における産業用と住宅用の電気料金を比較したものです。

図2-10が為替レート換算、図2-11が購買力平価換算で、それぞれ上段が産業用、下段が住宅用です。住宅用の電気は低い電圧に落として一軒一軒送る必要があるので、電気料金は産業用に比べて割高になります。また、国内産業保護のため産業用電気料金は低く抑えている国も多いので、それぞれで比較しているのです。

どちらの比較方法においても、産業用・住宅用共に2000年時点においてはたしかに「日本の電気料金は世界一高い」と言えそうです。しかし、2009年の比較では世界一とまでは言えなくなっています。日本が当時行った小売自由化など一連の電気事業改革が、一定の効果をあげたと言えるでしょう。

韓国の電気料金が安い理由

図2-10、2-11で気になるのがお隣の韓国。日本同様資源貧国と言われるのに、なぜ電気料金がこんなに安いのでしょう。それにはいくつか「カラクリ」があります。

図2-10 為替レート換算による電気料金比較

・2000年時点では、日本の電気料金は、産業用・住宅用共に各国と比較して非常に高い。

・2009年時点における日本の電気料金は、ドイツ（住宅用）やイタリアと比較すると低くなり、全体として内外価格差は縮小。他方、アメリカ、フランス、韓国との格差は依然として存在。

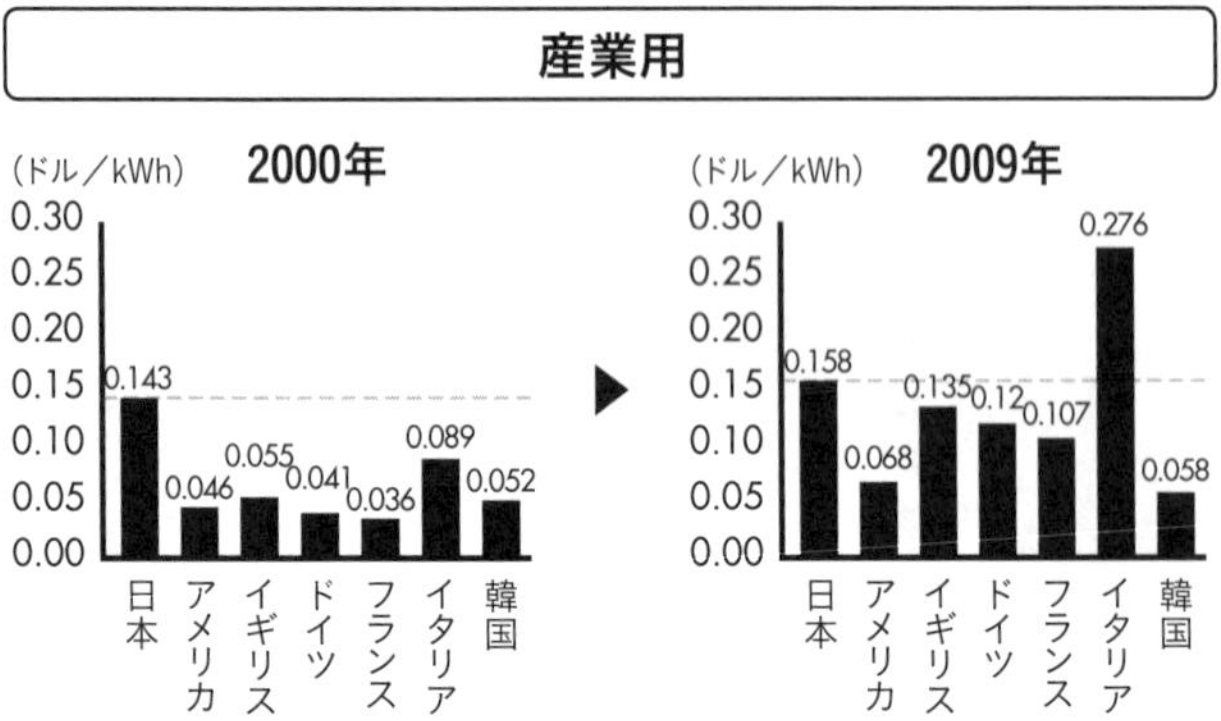

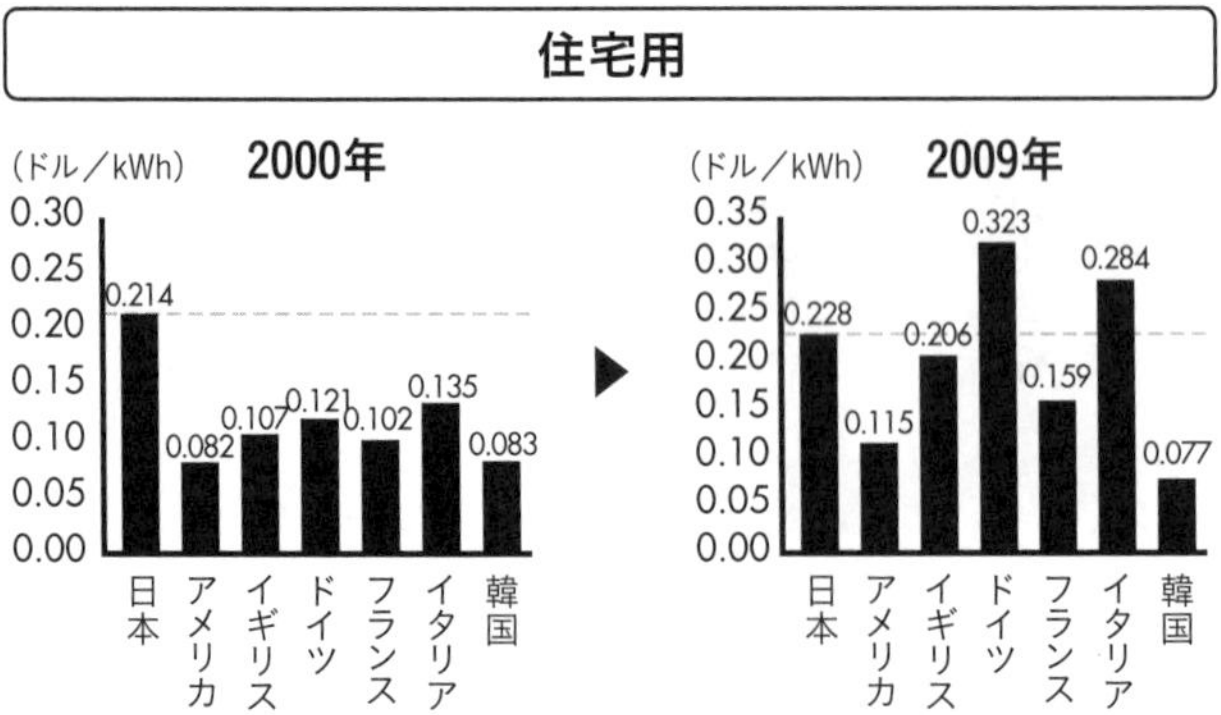

出典：資源エネルギー庁「電気料金の各国比較について」

図2-11 購買力平価換算による電気料金比較

・2000年時点では、日本の電気料金は、産業用・住宅用共にイタリアよりも低いが、ほかの諸外国と比較すると非常に高い。

・2009年時点では、為替換算ルートのときと同じく、内外価格差の縮小傾向が見られる。イギリスと同水準となった一方、アメリカ、フランス、韓国と比較すると高い。ドイツについては、住宅用料金の水準に比して産業用料金が低くなっており、日本の電気料金と比べて産業用は安く、住宅用は高い。

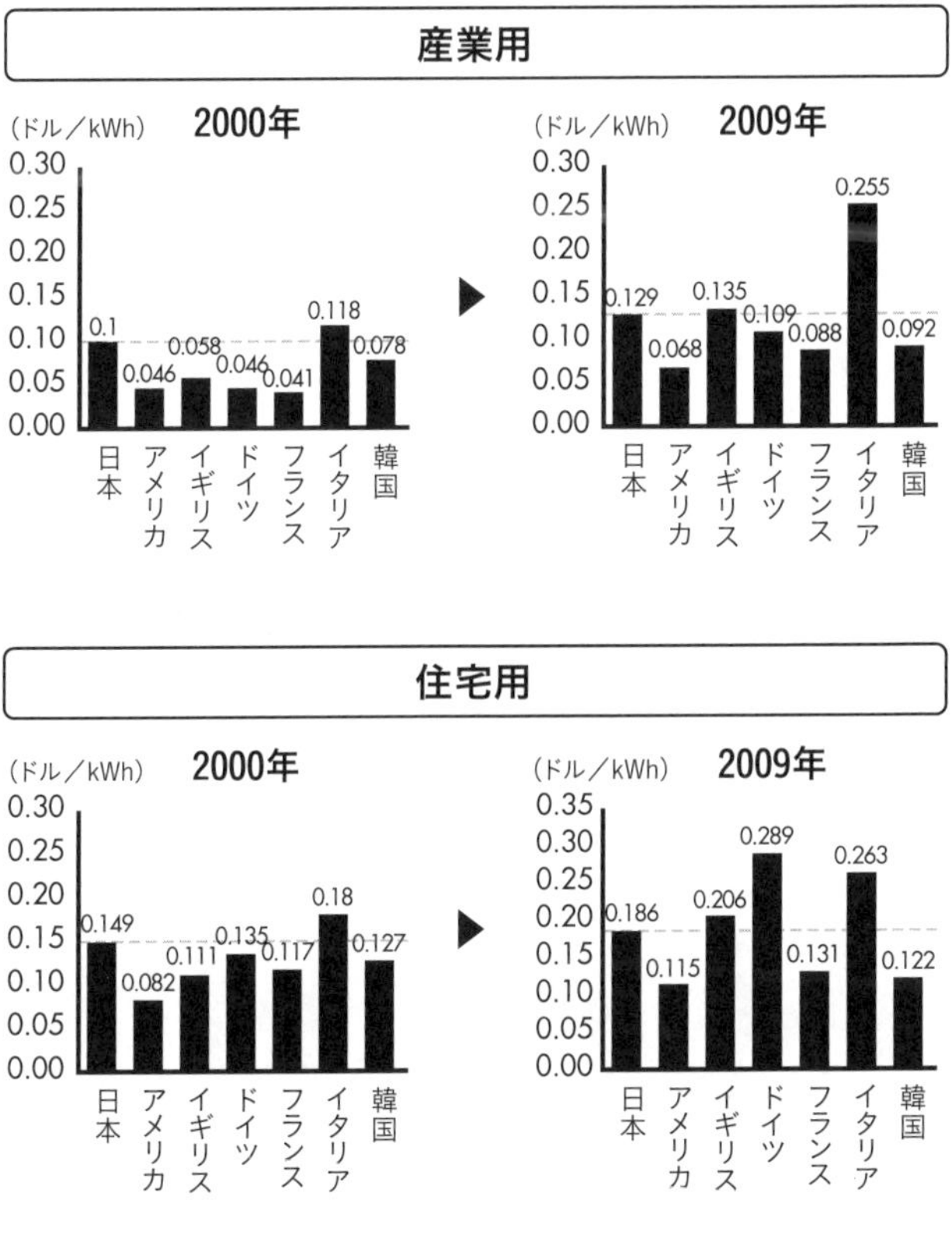

出典：資源エネルギー庁「電気料金の各国比較について」

まず、電源構成の違いがあります。韓国の電源の4割は、燃料費が安いものの温室効果ガスの排出が多い石炭です。実は、韓国は国連気候変動枠組条約（137ページ参照）上は、「途上国」に分類され、温室効果ガス排出削減の義務を負っていませんでした。日本の石炭火力は世界最高効率を誇っていますが、京都議定書の遵守を考えると、韓国と同じような電源構成は取り得なかったでしょう。

また、原子力発電の定期検査の頻度やかかる時間が日本と比較して大幅に合理化されており、稼働率が90％台と高いことも一因です。

決定的な違いは、電気料金に対する政策的配慮でしょう。政府は国民の反発を恐れ、燃料費が上昇しても値上げを認めず、この電気料金では原価すらカバーできていません。韓国電力は政府出資比率51％の公社ですが、2008年から3期連続で赤字を計上し、公的資金による補填も行われています。電気料金が税金に姿を変えただけですが、国際比較ではわかりません。

電気料金は国民の生活に与える影響が非常に大きいので、政策的に電気料金を抑制している国もあり、電力設備に対する適切な投資が行われず、国の電源計画が予定通り進まない事態につながっている場合も実は多いのです。

これまで何をどう改革してきたか

自由化、発送電分離。よく聞く言葉ですが、何を自由にすることなのか、どうして発電と送電を分離するのか、実はご存じの方は少ないのではないでしょうか。

日本では、発電から送電、電圧を変えて配電、消費者に小売するまでを地域の民間電力会社が一貫して行ってきました。大規模な発電所で大量に電気を作り、一事業者が送配電から小売までやるほうが効率がよいためです。それが近年、小規模分散型の発電技術の発達もあり、様々な事業者が発電事業に参入することが望ましいと考えられるようになりました。

まず、1995年に発電事業への参入規制が撤廃され、発電した電気を既存の電力会社に販売する発電専門の事業が認められるようになりました。また、特定の地点・建物に対して、自前の発電・送電設備で電気を供給する事業者（特定電気事業者と言います）も登場しました。

東日本大震災直後、六本木ヒルズ周辺は電力不足の影響を全く受けませんでした。それは、このエリアでは再開発に伴い「特定電気事業者」が敷地地下にガスタービン発電機を所有し、地域に電気と熱を供給していたため、東京電力の供給不安については影響を受けずに済んだからなのです。このように、発電事業に今までにはなかったプレーヤーが参加するようになりました。

続いて、ユーザーに電気を売る小売部門が自由化されました。事業者が自ら発電所を建てる場合もありますが、ほかの事業者から電気を仕入れて供給することも認められており、電気の取引のための「市場」も整備されました。ユーザーの規模によって段階的に自由化の範囲が拡大され、家庭など小規模なユーザーも含めた全面自由化は、震災後の2016年4月のことです。

発電・小売が自由化され、電気のサプライチェーンの中で残っているのは、送配電事業だけです。でも、この事業が自由化されたらどうなるでしょうか。事業者がそれぞれ送電線や配電線を整備することは、莫大な重複投資になりますし、街なかに電柱や電線がひしめくことになれば邪魔で仕方ありません。実は、日本での電気事業黎明期は何の規制もない自由競争状態でしたので、同じ建物に違う事業者がそれぞれ配電線を引き込むといったこともあったそうです。

こうした無駄を避けるためにも、送配電事業は単一の事業者が担い、発電・小売部門で多様な事業者による活発な競争が行われるよう、中立・公平・透明な運用をすることが合理的だと考えられています。そのために、今電気事業者が一貫して行っている事業から送配電事業を切り分けて独立して運用しようというのが発送電分離です。発送電分離とは、自由化した発電・小売部門の競争を促進するための手段のひとつと言えるでしょう。

しかし、送配電事業に必要な設備は、これまで民間の株式会社である電気事業者が長い年月と莫大な投資をして構築してきた財産です。いくら公益事業とはいえ、民間の株式会社の財産をお上が取り上げるようなことは憲法違反になってしまうので、発送電分離のやり方や程度が問題になります。実は、今も緩やかな形式での発送電分離は行われています。それは、電力会社の中で、送電部門の会計を別に管理する方法です。経営の3要素を「ヒト・モノ・カネ」と言いますが、お財布が別になるということは企業にとって大きな区切りになります。

　こうした会計の分離と合わせて、電力会社の送電部門が自社の発電・小売部門と他社とを差別的に取り扱うことなどを禁止する「行為規制」ルールも設けられました。私が東京電力で尾瀬の自然保護活動を担当していた当時に所属していたのは、電力設備やその工事のために必要な土地の取得や管理を行う「用地部」という部門でした。送電部門の会計分離と行為規制が２００３年に導入されてから、送電線の用地を担当するグループの執務スペースは壁で覆われ、社員でも自由に行き来することはできなくなりました。親しくしていた同期と話す機会もぐっと減り、壁一枚で違うものだな、と思ったことを覚えています。

　もちろん同じ社内ですから、分離の度合いが不十分という批判はあります。しかし、民間企業が電気事業を一貫して担ってきた日本の状況を踏まえた上で、新規事業者と既存の電力会社ができるだけ中立・公平に競争できるようにと検討した結果でした。既存の電力会社や新規事業者、学識経験者等による中立の協議会も設立され、公平な競争環境が整っているかの監視やルール策定を行うこととされました。

ヨーロッパの電気事業は国営企業が担っていた場合がほとんどでしたので、発送電分離も国の方針でバッサリとやれましたが、日本は民間企業が担ってきたので、こうした緩やかな発送電分離が選択されたのです。

東電福島原子力事故前の自由化は、新規事業者の占めるシェアもわずか3〜4%にとどまり、既存の電力会社が他電力のエリアで電力販売を行うケースもわずか1件しかありませんでした。震災前の電力システム改革は、枠組みはそれなりに整ってきていましたが、まだ魂が入っていなかったとも言えるでしょう。こうした状況を受けて震災後、電力システム改革が一気に進展することとなりました。第3部で詳しくお伝えします。

第3のEは「Environment」——地球温暖化問題の基本

1992年ブラジルのリオ・デ・ジャネイロで開催された「地球サミット」（正式名称は「環境と開発に関する国際連合会議」）で採択された「国連気候変動枠組条約」。アメリカが猛暑と旱魃に襲われた1988年、NASAの科学者が「猛暑の原因は地球温暖化によるもの」と上院議会で証言したこと、同年に設置されたＩＰＣＣ（気候変動に関する政府間パネル）という世界的な専門家グループが温暖化に警告を発する内容の評価報告書をまとめたことなどから、一気に地球温暖化問題が認知されるようになりました。ちょうど米ソ冷戦が終了し、環境問題という新たな敵に世界一丸となって対処すべきという雰囲気の高まりもあり、気候変動枠組条約の採択へとつながったのです。

なお、日本では地球温暖化という言葉のほうがなじみがありますが、温度上昇だけではなく、台風など自然災害の激甚化や寒冷化など、人為的な影響によると思われる気候の変化を「気候変動問題」と言います。ただ、ここではなじみのある「地球温暖化」を使います。地球温暖化とエネルギー政策の関係を理解するには、次の3点をまず押さえてください。

①温室効果ガスにはフロンやメタンなどいくつかあるが主役はCO_2。日本ではCO_2が9割以上を占める。

②人間活動で排出されるCO_2はそのほとんどが、ガソリン等の燃料や電気の使用など、エネルギーを使うことに起因。人間の活動が活発になれば排出量も増

えるという関係にあり、CO_2排出量と電力使用量、GDP成長率の相関関係は強い（＝排出量の制限は経済発展に制限をかけることにつながる恐れ）。
③電気事業は主要排出源であり、日本のCO_2排出量の約4分の1を占める。

このように、電気事業は温室効果ガスの主役であるCO_2の主要排出源であることから、エネルギー政策の3つ目のEとしてCO_2の排出抑制が加わったのです。

エコのためならエんやコら

3Eのうち、エネルギー安全保障・安定供給と経済性の2Eをある程度実現しつつあった日本。そこに、温室効果ガスの排出削減という新たなEが求められることとなりました。国連気候変動枠組条約の下、削減義務のルールを定めた「京都議定書」が日本で採択されたこともあり、一気に温暖化問題が重視されるようになったのです。

京都議定書の批准を行った小泉純一郎政権以降、自民党政権下でも徐々に目標の深掘りがなされ、民主党（当時）は「2020年までに1990年比25%削減」という途方もなく高い目標を看板政策として掲げて政権交代を果たしました。就任したばかりの鳩山由紀夫首相が、2009年9月の国連気候変動サミットでこの目標を高らかに発表したのです。しかし、この目標は何ら裏づけがなく、いわゆる「政治主導」で決められたものであり、発表したご本人も、この目標を背負うことになった国民も、この鳩山目標の本当の意味を理解してはいなかったでしょう。

25％削減という数字の大きさもさることながら、基準年を1990年にしたことにも問題がありました。日本はオイルショックを契機に相当の省エネを進めていました。家庭や民生、運輸部門の排出はオイルショック以降もエネルギー使用量が増加していましたので削減余地は大きいのですが、生活に密着した分野であり、その排出を管理するのは困難です。生活に制約がかかれば、国民の不満がたまります。いきおい、大口需要家である産業界に規制をかけることになりがちですが、その産業界が1990年当時にはすでに「乾いた雑巾」と言われるようになっていたのです。

京都議定書でEUが1990年を基準年とすることを主張したのは、東ドイツの社会主義体制が崩壊し、西側からの技術導入がちょうどその頃はじまったこともあって、1990年を基準年とすれば大いなる削減を「演出」できたからでした。その後東欧革命が進み、1990年当時排出量の多かった東欧諸国がEUに加盟。EUの目標はさらに達成容易になり、日本だけが厳しい目標を負うことになってしまったのです。京都議定書が「不平等条約」と言われるのはこのためです。

それなのに、鳩山目標は改めて1990年を基準年としました。2000年代の年間平均排出量は12億5100万トンで、1990年の11億4100万トンから1億トン以上増加していましたので、11億4100万トンの25%削減である8億5600万トンに減らすことは、32%もの削減を意味します。リーマン・ショックがなければ、2000年代の年間平均排出量はさらに多くなっていたでしょう。「エコのためならエんやコら」を超え、「エコのためなら死んでもいいの」になってしまいかねないと心配する人すらいたのです。

アンバランスな2010年エネルギー基本計画

エネルギー需給は国の一大事ですので、政府は「エネルギー政策基本法」によって、エネルギー需給に関する総合的施策を策定し実施する責務を負っています。具体的には、長期（20年程度先まで）見通す「エネルギー基本計画」を策定し、少なくとも3年ごとに検討を加えること、その基本計画には閣議決定を得ることなどが求められています。２００９年に政権与党となった民主党は、温室効果ガス削減の公約実現に向け、エネルギー基本計画策定に取りかかりました。

電気の使用に起因するCO_2を削減するには、電気事業者とユーザーのそれぞれが取り組む必要があります。電気事業者は再エネや原子力など、CO_2を排出しない電源の割合を増やして１kWhあたりのCO_2排出量を減らすこと、ユーザーは電力の使用量を減らすこと。双方の取り組みは車の両輪と言えますが、１４５ページで指摘する通り、電力使用量は経済活動が活発になれば増えてしまい、それを制限することは国の経済活動に制限をかけることにつながる恐れがあります。

「２０２０年までに１９９０年比25％削減」という目標を達成するには、電力のCO_2排出原単位（１kWhあたりのCO_2排出量）を大幅に抑制する必要があり、火

図2-12 2010年のエネルギー基本計画（発電量ベース）

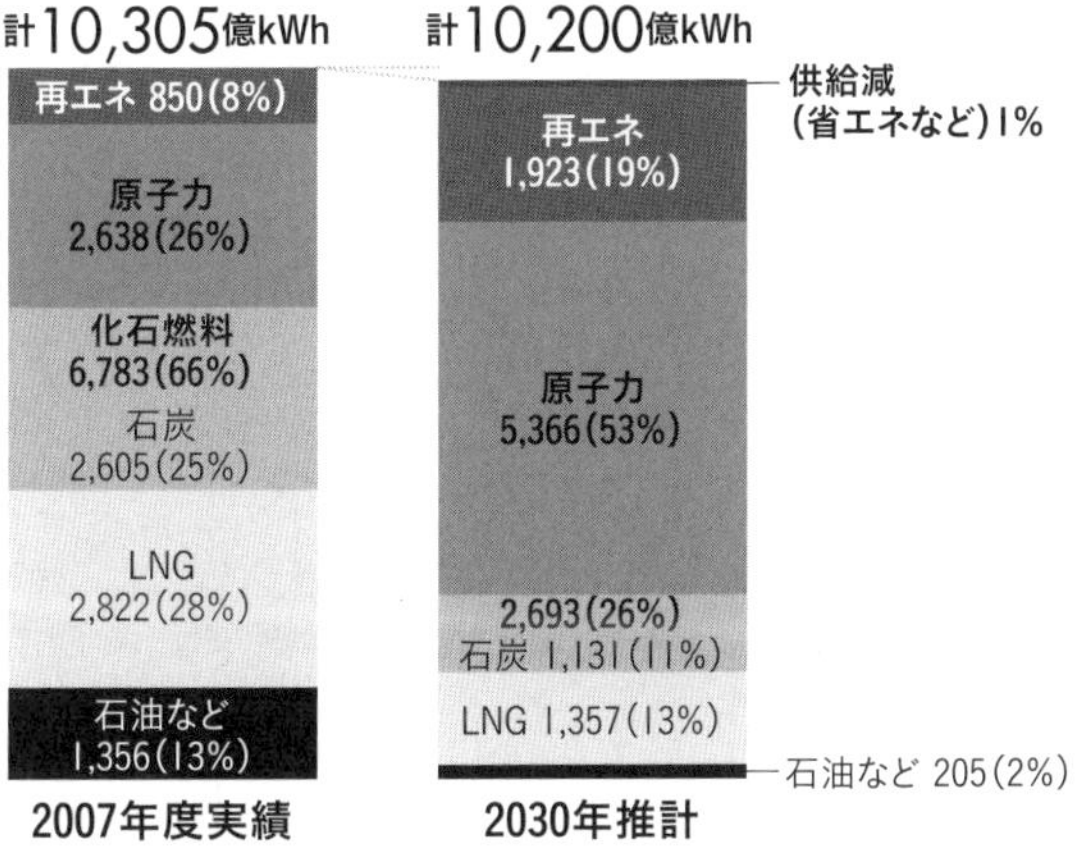

出所：2010年6月に閣議決定されたエネルギー基本計画

力発電の割合を極端に低くせざるを得ませんでした。発電するときにCO_2を排出しないのは、太陽光や風力、地熱などの再エネと水力、原子力だけです。水力開発に適した場所はもうそれほど残っていないので、原子力を5割に、コストが高く不安定な再エネは最大限多く見ても2割が限界だろうとされました。

しかし、原子力発電所を建てるには立地地域周辺住民の理解を得なければならず、非常に長い時間が必要になります。２０２０年までにはどうやっても無理なので、年限を２０３０年に延ばし、代わりに削減量を90年比30%に増やすという涙ぐましい工夫（？）をして、２０１０年6月に閣議決定されたのがこのエネルギー基本計画でした（図2-12）。

エネルギー政策の関係者の中でも、この計画は評価されていませんでした。原子力という単一のエネルギーに頼りすぎていること、２０３０年に年限を延ばしたとしても「少なくとも14基の原子力発電所を新増設」「原子力発電所の設備利用率を現在の約60％から90％に引き上げ」の困難さをわかっていたからです。東日本大震災前の日本においては、エネルギー政策の３Ｅの中で温暖化対策を突出して優先し、バランスを欠いた計画になっていました。

3 キレイごとでは済まない温暖化問題

地球温暖化交渉はなぜまとまらないのか

日本で地球温暖化の国際交渉に関する報道を見ていると、なぜまとまらないのかと不思議に思ったり、いらだちを覚えたりする方が多いのではないでしょうか。私も実際に交渉の現場を見るまでは、実感としてよくわからなかったものです。

先ほど、地球温暖化とエネルギー政策を考える上での基本をお伝えしました。その中で最も重要なのが「人間活動で排出されるCO_2はそのほとんどが、ガソリン等の燃料や電気の使用など、エネルギーを使うことに起因。人間の活動が活発になれば排出量も増えるという関係にあり、CO_2排出量と電力使用量、GDP成長率の相関関係は強い（＝排出量の制限は経済発展に制限をかけることにつながる恐れ）。」というポイントです。この点をもう少し詳しく解説します。

146ページのグラフ（図2-13）は、経済協力開発機構（OECD）各国の1990年、1995年、2000年、2005年の前後5年間の国内総生

図2-13 GDP成長率と電力使用量変化率の関係

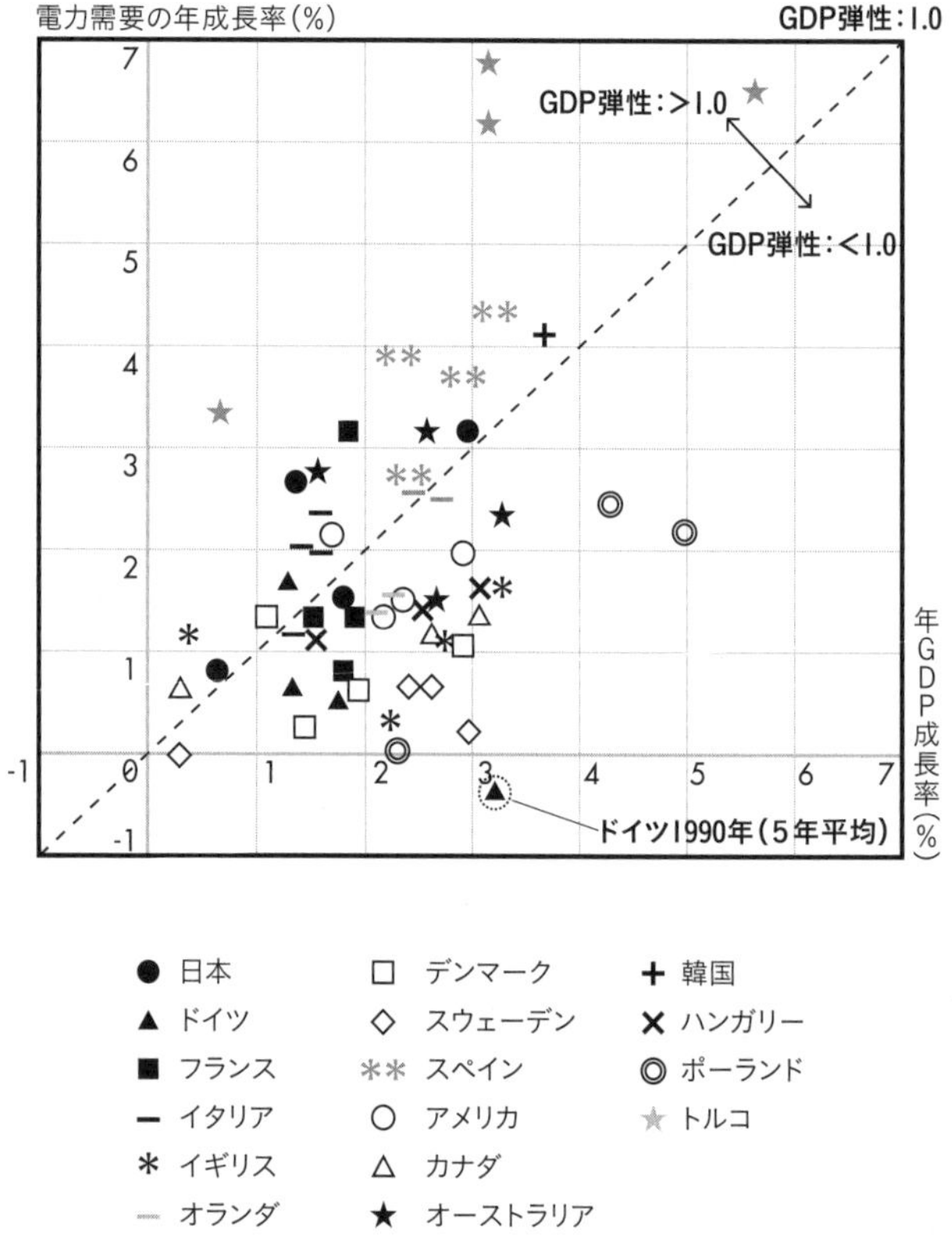

過去、GDP成長を果たしながら、電力使用量を減少できたのは、1990年代初めに東西統合したドイツくらい。国際的に見ても、GDPと電力使用量は正の相関が強い。

注:OECD加盟国を広くプロット。プロットは、1990、1995、2000、2005年(いずれも前後5年間平均値)。
　韓国、トルコの一部の時点はグラフの表示範囲外にある。
出典:地球環境産業技術研究機構 秋元圭吾氏作成資料

産（GDP）成長率と電力使用量の変化率を表しています。ちょうど1：1の正比例を表す点線は、GDPが1伸びたときに電力使用量も1伸びたことを表し、点線より上に位置する点はGDPの伸びよりも電力使用量の伸びが大きかったこと、下に位置すれば電力使用量の伸びが小さかったことを表します。程度の差はあるものの、GDPが伸びれば電力使用量は増えていることがわかります。

また、GDPの伸びに対して電力使用量が増える度合いは、発展の初期段階であるほど大きいということもわかっています。

このように経済発展すれば電力使用量は増えます。そして、その国が相当水力資源に恵まれていて水力発電が主力である、あるいは、フランスや震災前の日本のエネルギー基本計画のように原子力発電を基軸にするという例外的なパターンでもない限り、電力使用量が増えればCO_2排出量も増えてしまうのです。

もちろんこれは歴史的事実の分析であり、今後も経済成長と電力使用量の削減を両立させる「グリーン成長」が不可能であると予断するものではありません。ただ、これまで例がないほど難しいことではあるのです。

このように経済発展と電力使用量、CO_2排出量には強い関係性があるため、CO_2の排出量制限は経済発展にリミットをかけることになりかねないわけです。

そのような制約を背負うことはどの国も避けたいのは当然です。特に途上国から見れば、温暖化は「先進国のせい」であり、いよいよ自分たちが発展する段になって成長制約を背負わされるなど、納得できるものではないでしょう。かといって、成長が鈍化している先進国だけに排出削減義務を課しても温暖化対策としての意味が薄い。CO_2が経済活動に伴って必然的に排出されてしまうことから生じるジレンマです。気候変動交渉は、化石エネルギーを消費し経済発展をする権利を巡って、国益のぶつかり合いの場となるのです。

ドイツは特別？

先ほどの図（図2-13）に1カ所だけ、GDPは伸びたのに電力使用量は減ったという点があることに気がつきましたか？　図のいちばん下にある1990年当時のドイツです。これで「やっぱりドイツはエコの国だ！」と感心して終わらないでくださいね。1990年当時、ドイツで何があったか思い出してみてください。そう、東西ドイツの合併です。

東西ドイツが合併し、旧東ドイツが使用していた効率の悪い機器の更新が進んだため、ＧＤＰは成長し、電力使用量は減るという状況が生じたのです。実はドイツ連邦環境省の分析では、当時の排出削減量の47％が合併効果であると指摘されています。専門家の中には冗談交じりで、ＧＤＰは成長、電力使用量は縮小という状況が再現できるとすれば、韓国と北朝鮮が合併するときではないかという方もいるほどです。

しばしば１９９０年を起点としたドイツの成長とCO_2排出量のグラフを目にしますが、当時の特殊な状況を踏まえる必要があります。

温暖化は誰のせい

地球温暖化は、先進国が発展の過程で排出した温室効果ガスの影響が大きいとされています。そのため、国連気候変動枠組条約は、「先進国と途上国は気候変動問題に対し共通の責任を負うが、その程度には差異がある」とする原則を定めています。

先進国は身を削って排出削減に取り組み、途上国への技術・資金の援助義務も負うとされる一方、途上国は先進国の技術・資金の援助を受けて可能な範囲で取り組むとされ、先進国と途上国は1990年代初頭の状況で二分されました。

京都議定書は、その二分論に基づき、先進国に対して拘束力のある削減目標（2008～2012年の5年間の平均排出量を、1990年比で日本マイナス6％、アメリカマイナス7％、EUマイナス8％等とすること）を課すものでした。世界が温暖化対策に踏み出した一歩として意義あるものではありましたが、この枠組みは実質的に破綻してしまいました。京都議定書の問題点を、次の3点に整理します。

①一部の先進国にのみ削減義務を課すことはリーケージを招く

途上国で生産活動を行えば排出削減の制約は負わないので、義務を負う先進国の産業空洞化を招き、実質的な削減にはならない（排出される場所が変わるだけ）。

②アメリカの離脱、新興国の排出増加により実効性を喪失

条約加盟国の第3回の会議、COP3においてアメリカは1990年比7%削減の目標を負うことに合意し、副大統領が署名したが、上院は批准を認めずアメリカは京都議定書を離脱。また、排出量が急増する新興国に対する抑制策は何もない。途上国の経済成長が加速する前であった京都議定書採択時は、全世界のCO_2排出量の6割に対して規制がかかるルールだったが、アメリカの離脱、途上国の排出量増加により、2010年には排出削減が課されている割合は、全排出量の25%にまで下落し、実効性を喪失。

③必要な技術開発投資を阻害

2050年までに世界の排出量を半減するには、2010〜2030年に世界全体で10兆ドルの投資が必要とされる。大幅な削減には、ドラスティックな技術の開発・導入が必要だが、約束期間内の目標達成義務を負えば長期的な技術開発への投資よりも目の前の目標達成が優先される。日本も京都議定書第一約束期間の目標達成のため、海外からの排出クレジット（すでに省エネが進んだ先進国では、コストの高い削減取り組みしか残されていないため、途上国での取り組みを先進国の削減にカウントできる仕組み）購入に官民合わせて50

00億円程度を費やしたと推計される。

京都議定書に代わる枠組みが求められ、2015年にはすべての国が参加する「パリ協定」が採択されました。各国は自主的に設定した目標を国連に提出しますが、その達成は法的義務ではありません。排出削減目標の達成を法的に義務づける京都議定書型でなければ、世界が目標とする削減量を確実に達成できないとする批判もありますが、それではすべての国の参加が得られないので、各国が自主的な目標を掲げ、目標達成に向けた進捗を定期的に報告し、レビューを受ける仕組みとしたのです。基本的に、国連は「町内会」のような組織であり、加盟国に命令・強制する権限は持ちません。

各国がお互いの取り組みをレビューしあうことで、目標のレベルを高めていくことが期待されます。また、自治体や企業等が温暖化対策に取り組む動きも加速しており、低炭素化は社会の大きな潮流になっていると言えるでしょう。

図2-14 気候変動関連リスクを「全体像」でとらえる

気候変動の悪影響	気候変動の好影響
・熱波、大雨、干ばつ、海面上昇 ・水資源、食料、健康、生態系への悪影響 ・難民、紛争増加？ ・地球規模の異変？	・寒冷地の温暖化による健康や農業への好影響 ・北極海航路の利用可能性
対策の悪影響	**対策の好影響**
・経済的コスト ・対策技術の持つリスク（原発など） ・バイオマス燃料と食料生産の競合 ・急激な社会構造変革に伴うリスク	・気候変動の抑制、悪影響の抑制 ・省エネ ・エネルギー自給率向上 ・大気汚染の抑制 ・環境ビジネス

悪影響、好影響の出方は、国、地域、世代（現在、将来）、社会的属性（年齢、職種、所得等）によって異なる

出典：国立環境研究所 江守正多氏作成資料

温暖化にどう対処すべきか

IPCC（138ページ参照）という世界の専門家による評価報告書で、温暖化が進行していることはほぼ確定できても、それによって何が起きるかは、はっきりとはわかっていません。ここに科学の限界があり、ここからは政治の判断になります。

温暖化によるマイナスの影響が手遅れにならないように（温暖化には、寒冷地域での農業への好影響などプラスの影響もあります）、対策によるマイナスの影響が過大にならないように、現代社会の中での、あるいは現代社会と将来社会の負担配分を考える必要があります（図2－14）。早期に対策を取ったほう

が、将来的に生じる被害や影響より負担がはるかに小さいとする報告もあります。科学的知見が不確実な中でどこまで温暖化対策に取り組むか、非常に難しい政治的意思決定をせねばなりません。

自然災害の被害を受けやすい途上国は、温暖化の「今ある危機」への対処として堤防を築くなどの対応策を必要とします。また、現代社会のコスト負担は、対応策で済ますほうが根本的対策である排出削減よりも小さいとされます。しかし、そうした対症療法では将来世代に温暖化による大きな被害が生じてしまう可能性・危険性が高くなります。かといって、温室効果ガス削減のため、現代社会が背負いきれないほどの負担を負うことをルール化しようとしても、持続可能な取り組みにはなりません。

とても難しいことですが、科学に立脚しつつ、科学の限界も踏まえて、持続可能な社会への転換に向けた、政治的な意思決定が必要です。そのためには私たち自身が科学的に信頼のおける情報を選び取り、適度に冷静に、適度に熱く考えることが求められています。

図2-15 世界のCO_2排出量の見通し(地域別)

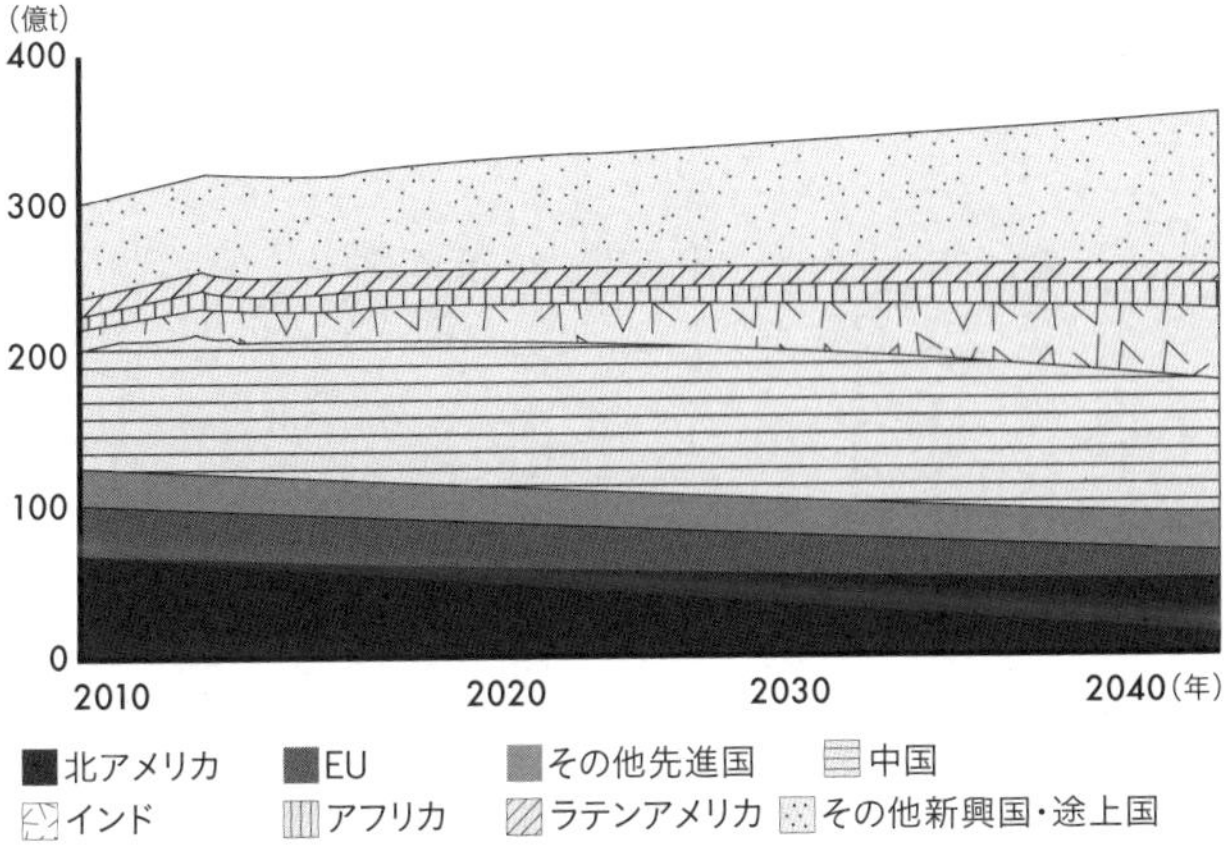

出典:IEA WEO 2018

日本は何をすべきか①
世界での削減に対する貢献

日本はすでに相当の省エネ大国になっていますので、さらにCO_2を1トン減らすには相当の高コストをかけなければなりません。途上国で同じコストをかければ大幅な削減が可能なため、今後排出量が急増する新興国、途上国での排出削減に貢献することが求められています(図2-15)。

例えば、アメリカ、中国、インドの既存の石炭火力発電を日本並みの効率に改善すると、約14・7億トン(日本の年間総排出量を上回る)の削減効果が、また、全世界の鉄鋼プラントの効率を日本並みに改善すれば、年間約3億トン（日本の排出量の25％程度）の削減効果があるとされています。

ただし企業の持つ技術は、各企業が自分たちのリスクとコストで研究開発を行った結果得た財産ですから、当然正当な対価をもって購われなければなりません。日本の企業の誇る環境技術が市場を通じて普及し、その結果世界で排出削減が進むことが望まれます。しかし途上国、特にインド等の新興国は、それは単なるビジネスであって気候変動枠組条約によって先進国に義務づけられている途上国への支援ではないとして、知的財産権の無償開放などを求めています。先進国からすれば「ご無体な」と言わざるを得ない要求です。「日本の技術で世界に貢献」という美しい言葉の裏に、実は様々な葛藤があるのです。

また、一般的に省エネ技術は投資回収にかかる期間が長く、途上国では省エネ性能には関係なく生産設備を増やすことに投資が向きがちです。タイやベトナムで日本企業の得意とする省エネ技術のニーズについて調査した際、「生産設備を増やせば長くても3年で元が取れる。電気料金が安いので省エネ技術への投資回収には時間がかかる。高額な省エネ技術に投資するモチベーションはない」という現地の声を聞きました。

今後、温暖化に対して実効性ある取り組みを進めていくには、企業の関与が不可欠です。知的財産権の保護はもちろん、省エネ性能には優れるものの、価格の点で不利な日本企業の持つ技術に対するファイナンス面でのサポートを制度化することなどが求められます。

日本は何をすべきか②枠組みに対する貢献

国際交渉での「存在感」という言葉がよく使われます。しかし、こうした交渉において存在感を持つのはやはり大排出国。アメリカと中国、今後の伸びが予想されるインドが交渉のカギを握っていることは誰が見ても明らかです。

日本が排出するCO_2は、世界全体の排出量の4%弱（2014年3・7%）です。4%とはいえ世界第5位ですから、削減努力を怠ってよいわけではもちろんありません。しかし、温暖化を止めるためには世界規模で半減、先進国は8割削減が必要とも言われているので、日本が4%を3%に削減しても根本的解決にはなりません。日本には日本の存在感の示し方があるのではないでしょうか。

例えば、日本の産業界は自主的に削減に取り組んできました。どんな技術が実用化されていて、どの程度の削減が経済的に合理的なレベルで可能かをわかっている産業界が自らの目標を設定することは、実現可能性や効率性において優れています。「自主」の目標では、産業界が参加するモチベーションがない、あるいは目標のレベルや実行を確保できないのではないか、といった批判もありました。しかし、京都議定書に先駆けて策定された経団連の「環境自主行動計画」は当初37業種からスタートして、2008年以降は61業種まで拡大しました。

また、目標達成が視野に入った業種では、目標の引き上げや深掘りなども行われ、結局自主行動計画に参加する産業・エネルギー転換部門34業種のCO_2排出量は、2008〜2012年度の5年間平均で1990年度比12・1%減を達成しています。オイルショック後の省エネの進展で、「乾いた雑巾」と表現される日本の産業界が自主的に取り組み、ここまでの削減を達成したことは、海外の温暖化問題関係者にも驚きを持って受け止められています。

2013年には企業の排出削減だけでなく、消費者がその製品を使用する段階での削減や国際貢献、研究開発も含めた「低炭素社会実行計画」がスタートしています。日々厳しい競争にさらされている産業界で、なぜ自主的な目標設定をする動きが広がり、目標設定の深掘りまで行われたのか。これを「日本特有の文化」で終わらせてしまっては、あまりにモッタイナイですよね。

国連の気候変動交渉では2020年以降、すべての国が自主的な削減目標を掲げて参加し、相互にレビューし合うこととなりました。こうした自主的制度の下で、どのように結果を出してきたのかについて知見を提供することは、非常に有意義な貢献でしょう。参加意欲の維持、目標設定や評価のルール、フォローアップのスキームについて諸外国の事例などとも比較した研究を行うことも、日本ならではの貢献と言えます。

また、産業界の自主性を引き出す規制活動の在り方についても日本にはよい事例があります。1998年の改正省エネ法で導入された「トップランナー制度」です。これは、自動車や家電製品の省エネ性能を向上させるため、現在商品化されている製品のうちエネルギー消費効率が最も優れているもの（トップランナー）の性能、技術開発の将来の見通し等を勘案して「省エネ基準」を定めることとしています。

この制度によって、例えば電気冷蔵庫は１９９８年から２００４年までの間に約55％のエネルギー消費効率改善に成功するなど高い効果をあげました。国の規制活動というと、産業界の自主性を削ぎ、たがをはめるものが多い中で、こうした技術の実態や進展を踏まえた到達目標を示す規制の在り方も他国の参考になるでしょう。

実は日本政府は、日本と相手国政府の２国間で協定を結び、日本の技術を導入して温室効果ガス削減を図る、柔軟で実効性のある仕組みを構築しようとしています。この新たな枠組みには、多くの途上国が興味を示しています。省エネ性能等に優れるもののコスト高が普及を阻んでいる「日本の企業の誇る環境技術」によって、世界の排出削減に貢献しうるルール作りに向け、これからが腕の見せどころです。

また、エネルギー・環境分野のイノベーションを促進するため、世界各国の科学者や政策担当者、企業関係者が一同に会する会議を、日本政府がホスト役となって開催しています。

日本で報道を見ていると、日本政府の交渉姿勢や産業界の貢献に対して批判的な内容がほとんどですが、現地に取材に来ているマスメディアの方にうかがうと、「『日本が孤立の危機』とでも書かないと本社のデスクに記事を取り上げてもらえない」という理由もあるそうです。しばしば日本人による日本人批判・否定が過剰であることに違和感がありましたが、そんな背景だと知り、拍子抜けしてしまいました。

地球温暖化防止に向けて、日本が日本らしい貢献をできるよう、日本全体で前向きに知恵を絞る必要があります。

東電福島原子力事故による3Eの変化

東日本大震災とそれをきっかけとした東電福島原子力事故により、日本のエネルギー政策の3Eのバランスは様変わりしました。

それまで原子力発電は、エネルギーの3Eすべてを満たすエースと期待されていましたが、2013年、14年頃はすべての原子力発電所が停止し、電力の9割が火力発電頼みでした。でも、電気が足りないと騒がれた2012年の夏も停電しませんでしたし、普段の生活にはなんら問題は起きていません。「電気が足りないというのはウソで、原発を使わずに済むならそれでいいではないか」という声が出るのも、もっともです。ただ、明日にはどんなリスクが襲ってくるかわからないのが、この世の中。基本に立ち返って、今の状況をエネルギー政策の3Eの視点から評価してみましょう。

現場力頼みの綱渡り

まず「Energy Security（エネルギー安全保障・安定供給）」の観点から。

電気の使用が増える夏冬前には、政府が電力会社の供給力と需要想定を検証し、必要に応じて地域のユーザーに節電要請をしていることはすでに90ページ

図2-16 火力発電所の計画外停止件数

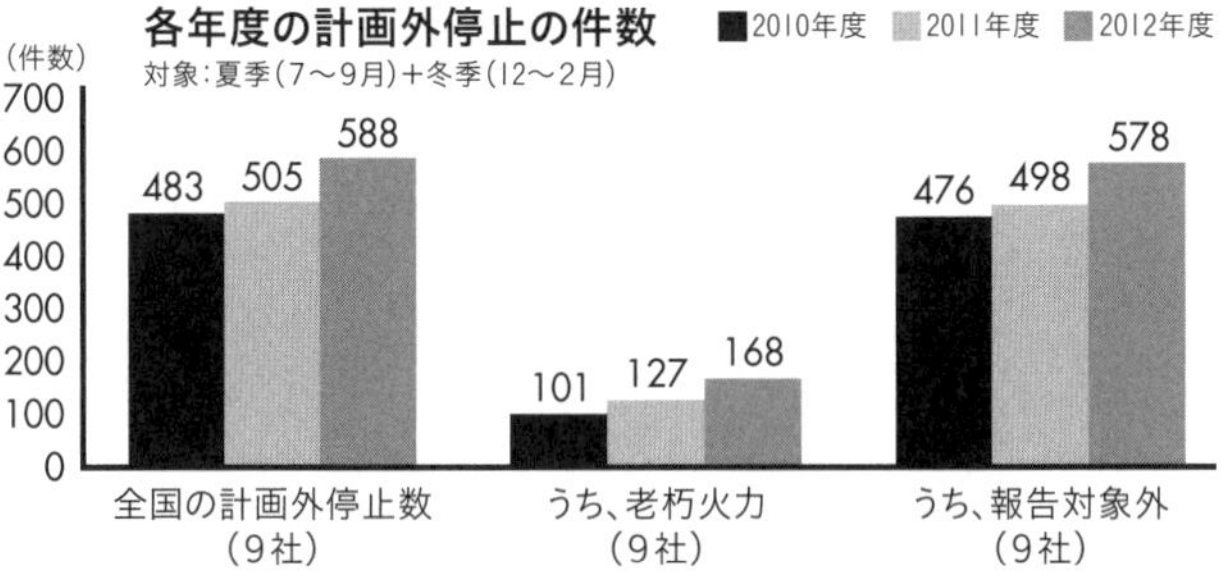

特に老朽火力の計画外停止は震災前の2010年度に比べ、2012年度1.7倍と急増

注1：計画外停止：突発的な事故あるいは計画になかった緊急補修など予期せぬ停止。
注2：報告対象：電気事業法電気関係報告規則に基づき、感電等による死傷事故やボイラータービン等、主要電気工作物の破損事故は産業保安監督部への報告対象。電気集塵機の性能低下、異音発生等に伴う、計画外停止は産業保安監督部への報告対象外。
注3：老朽火力：2012年度に運転開始から40年を経過した火力。
出典：電気事業連合会 電力需給検証小委員会提出資料

で述べた通りです。電力会社は老朽火力も稼働させて供給力を確保してきました。

しかし、そうした「無理」をさせている結果は数字となって表れています（図2-16）。突発的な事故あるいは計画になかった緊急補修など予期せぬ停止の件数は2010年度と2012年度を比較すると、老朽火力では1・7倍に増加しています。これまで特に大きな停電などがなかったことは、こうしたトラブルが需給逼迫時と重ならなかったという幸運や、ほかの発電所が素早くカバーできたからと言えます。

2012年秋に北海道電力苫東厚真火力発電所を訪れたとき、お話ししたすべての方が「厳冬期に電気は絶対に止められない」と言い、入念な上にも入念な点検を行っていました。中部電力は、すでに廃止していた武豊《たけとよ》火力という老朽石油火力発電所を再稼働させて、ピーク時の電源を確保しました（現在石炭火力発電所に建て替え中）。発電所長は２０１１年３月、当時の菅直人首相が福島第一原子力発電所に向かう映像を見ていて、すぐに復旧作業の工程を練り始めたそうです。５月10日には「復旧計画書」を作成し終わり、２０１１年夏の稼働に間に合わせたと言いますから、その反射神経には脱帽するばかりです。

このように高い現場力のおかげで、今まではたしかにトラブルはありませんでした。しかし設備トラブルを防ぎきることは不可能であり、予備力が少なければ停電が起きる可能性は高くなるという単純な事実は受け入れなければなりません。

安定供給とは消費者に不安を感じさせないこと

停電させなければ安定供給が果たせているか、と言うと、実はそうではありません。２０１２年夏、関西電力管内では計画停電が予定されました。結局実施されませんでしたが、計画停電の可能性があるというだけで、関西地方に住む人や企業はその対策を迫られました。

特に企業の場合、「停電したので製品の納入が遅れます」と言えば、今後は別のエリアにあるライバル企業に契約を奪われてしまうかもしれません。そのため、なんとしても予定通りに運用できるよう対策を練らなければなりませんでした。停電する可能性が示されただけで、関西エリアの産業界に大きな影響と混乱を与えたのです。

「これを機に東南アジアに工場を建てて生産拠点を移したい」という声が聞かれるようになったのも、当然のことでしょう。私は2012年度から関西地方の企業が設立した研究所のプロジェクトに参加し、東南アジアに日本企業が進出した場合、安定した電力供給は受けられるのか、電気料金は安価かを調査しました。こうした調査のニーズがあること自体、空洞化が進んでいることの証です。電力の安定供給は「ユーザーが不安を感じない電力供給」を意味するのであって、それが脅かされれば、ただでさえ高い法人税や人件費など6重苦を背負う日本国内の産業が日本に踏みとどまる理由を、ひとつなくしてしまうことになるのだと実感しました。

計画停電が「計画」だけだったことで、「供給力不足を演じて原発再稼働を迫った」とうがった見方をする人もいましたが、こうして空洞化が進めば、いちばん痛手を受けるのは顧客を失う電力会社自身です。

オイルショックの悪夢再び？

化石燃料の輸入も当然急増しています。電力各社のLNG輸入量は2010年度の4427万トンから2011年度は5549万トンとなり、2012年度は約5800万トンまで増えました。

特にカタールやUAEなど「ホルムズ海峡の向こう側」から輸入するLNGは、全体の3割以上にもなっています。頻繁に報道されている通り、イランが経済封鎖に対抗してホルムズ海峡を封鎖すれば、オイルショックの悪夢再び……です。

電源の9割を火力発電に頼る今、資源の安定・安価な調達が喫緊の課題です。しかし燃料を買うことは、市場で牛乳を買うのとは、わけが違います。

まず、世界で石油やガスを豊富に埋蔵し、かつ開発がすでに行われていて、さらに政治的に安定している産油国・産ガス国は限られています。条件が合わないので他所から買う、ということがなかなかできません。

また、産油国・産ガス国にとって天然資源は「国の宝」です。外貨を稼ぐ唯一の手段である場合も多いので、相手も1円でも高く売りつけようと必死ですし、化石燃料は腐るものでもないので売り急ぐ必要もありません。国営会社が国益を代表して交渉に臨んでくることも多いのです。日本は世界最大のLNG輸入国であるのだから、もっと交渉力を発揮できるはず、とも言われます。しかし、逆にそれだけ輸入に頼らざるを得ない国、資源を買わざるを得ない国には、高く売りつけるのが当然なのです。

アメリカでシェールガスと呼ばれる新しい天然ガスが産出するようになったことに期待する向きもありますが、アメリカ政府が2017年以降日本への輸出を許可した量を合計しても、日本の年間輸入総量の15〜20％程度でしかありません。日本政策投資銀行の試算によれば、アメリカシェールガスの調達が燃料調達額全体を引き下げる効果は、最小6・8％、最大15・2％とされています。もちろんアメリカから調達が可能になったことは他国との調達交渉に有利に働きますが、実はそれほど期待できるわけでもないのです。

また、日本近海でメタンハイドレートという新たな化石燃料が発見されたことに期待する人もいますが、安価に安定的に採掘できるようになるのは、早くても15～20年後と言われています。

資源調達は、ほかにオプションを持っているかいないかが交渉力の大きさを左右します。「そんなに吹っかけるなら、ほかから買うからいいよ」、あるいは「ほかの発電手段があるからいいよ」と言えるか否か。電力会社やガス会社が共同調達するなど交渉力を上げる努力はもちろん、化石資源の開発に食い込んでいくことも含め、資源貧国の日本が交渉力を持つにはありとあらゆる挑戦が必要です。

電気料金は必ず上がる

次にEconomy（経済性）を見てみましょう。震災による原子力発電の停止に伴い、これまでの電気料金計算の前提となっていた電源構成が大きく変わり、火力発電の割合が急増しました。この燃料費の増加による電気料金の値上げは避けられません。原子力発電所が停止してから、しばらくの間、電力会社は内部留保という蓄えを食いつぶしてしのいだので、値上げ申請をするまで時間があきました。

そのため、その因果関係が理解されづらくなりましたが、今まで原子力発電によってまかなっていた電力量を火力発電で補うための追加の燃料費が必要となりました。震災後の燃料費増加の累計は、2017年度分までの推計を含めて約16・9兆円に達し、2010年と14年で比較すると家庭用の電気料金は約25%、産業用は約40%上昇してしまいました。15年からは原油価格の下落により少し落ち着きましたが、燃料費の増加と再エネ賦課金というダブルの電気料金上昇圧力は強いままです。

電気料金の値上げに対しては「人件費の削減など電力会社が先にやるべきことがある」との声があがるのも当然です。しかし、沖縄を除く9電力会社（単体）の人件費すべてを合計しても年間約1・3兆円（2013年3月期）ですので、追加で必要とされる燃料費に遠く及ばず、根本的解決にはなりません。

原子力発電については、廃棄物処理コストや事故の賠償コストを含めれば決して安価ではないという批判もよく聞かれます。

政府の設置した専門家による委員会が、2011年および2015年に各電源のコストを検証しました。核燃料サイクルについても直接処分および再処理それぞれの条件をおいてコストを見積もっています。また、事故があった場合の損害額として東電福島原子力事故のコストを2011年は5・8兆円、2015年にはそれを12・1兆円まで見込み、こうした事故が一定程度の確率で起こることを織り込んでコストを計算しています。

そうしたコストを含めて2015年に算出された単価は、10・1円/kWh。再エネなど他の電源との比較は30ページの図1-4でご覧いただけますが、やはりコスト競争力は高いことがわかります。この10・1円は下限値であり、廃炉や賠償にかかるコストが1兆円増加するごとに、0・04円コストが上昇するとも付言されていることには注意が必要ですが、原子力が「豊富低廉」な電力を生み出すことはたしかです。

「日本は温暖化対策をあきらめたのか」

最後にEnvironment（環境性）を見てみましょう。もう言うまでもありません。火力発電への依存度が上がれば、CO_2排出量は当然増加します。大手電気事業者によるCO_2排出量は、2010年の3・7億トンから2011年には4・4億トンに、2012年には4・9億トンと、1億トン以上も増えています。日本全体でも12・1億トンから13億トンへと増加してしまいました。

国連のパリ協定の下、日本は「2030年には温室効果ガスの排出を26％削減する」という目標を掲げています。2030年には20～22％の電気を原子力でまかなうことを前提とした目標です。2013年以降は省エネの定着等により減少傾向ですが、本当に達成できるのかと批判的に見られても仕方のないことでしょう。

このように見てみると、スイッチを押せば電気がつく毎日の生活に変わりはないものの、実はかなり危険な綱渡りをしていることがわかります。しかし、リスクは顕在化しない限り、可能性でしかありません。この「可能性」をどう評価するかが難しいところです。心理学の分野では「リスク認知バイアス」と呼ばれますが、人は身近な事例で物事のリスクを考えてしまうため、大災害直後の政策決定は直前で起きた災害を、ほかのリスクと比べて過大評価してしまい、不合理なものになりやすいそうです。

とはいえ、すでに顕在化した原子力災害のリスクはとてつもなく大きく、異質なものでした。東電福島原子力事故は、多くの方の日常生活と幸せを奪う、許されざるものでした。福島の復興・再生が今後のエネルギー政策議論の出発点であることは、震災後の政府のエネルギー基本計画でも強くうたわれています。

事故のリスクとあわせ、原子力発電の最大の問題点は使用済み燃料の処理方法が定まっていないことでしょう。すでに発生している使用済み燃料をどうするか、外交・国際的な安全保障問題との関連、青森県など国内再処理事業にこれまで協力してきた関係者への責任など、様々な視点から検討しなければなりません。原子力発電を行う国の多くがこの問題に悩んでいます。しかし今、原子力発電を止めても何ら解決にはなりませんので、本気でこの問題に取り組む覚悟が必要です。

原発を使うことも使わないことも、それぞれリスクがあり、どのリスクをどう評価すべきかについては誰も正解を持っていません。ただひとつ言えることは、リスクの存在を知るところから自分の身を守ることが始まる、ということでしょう。

COLUMN2

牛のゲップで温暖化？

「温室効果ガス」という言葉は、地表から放射された赤外線を吸収して地球の温度を上げてしまうガスの総称で、もともと自然の中にある水蒸気にも温室効果があります。人の活動で排出され、京都議定書で削減の対象となっているガスには、CO_2だけではなく、冷蔵庫やエアコンに使われるフロンというガスや都市ガスに使われるメタンというガスなど6種類。地球を温めてしまう効果はガスによって異なり、メタン1トンには21トンのCO_2と同様の効果があります。

実はこのメタン、牛や羊のゲップやおならからたくさん排出されるのです。日本のような工業先進国では排出される温室効果ガスのほとんどはCO_2ですが、牧畜が盛んなニュージーランドでは、CO_2は4割、家畜から排出されるガスが6割です。

ニュージーランド政府は2003年頃、地球温暖化対策の研究費にあてるため、牛や羊1頭ごとに課税しようとしました。畜産農家の反発で結局廃案となりましたが、温暖化の原因や対策にはそれぞれのお国事情を把握する必要があることを教えてくれた「ゲップ税」法案でした。

第3部

電力システムの今後

1 考えなければならない問題

２０１３年11月に電気事業法が改正され、今後の電力システム改革のスケジュールが示されました。

小売全面自由化、発送電分離、電力利用のスマート化や省エネの進展のほか、再エネの拡大、そして原子力事業をどう担うのか。考えなければならない課題が山積しています。

それぞれの政策において、何に気をつけ、どう考えていくべきか――。これまでの政府の委員会の議論などで取り上げられなかった点を中心に整理してみます。

小売全面自由化、タイミングは適切だったか

２０１６年4月に、これまで規制分野であった家庭など、小さな需要家の電力もすべて自由化されました。しかし全面自由化に適したタイミングであったのでしょうか。

自由化とはそもそも、規制の下で背負った供給義務を果たすために大幅な設備余剰を抱え込み、「メタボリック」になった電気事業をスリム化して、電気

料金を安くすることを目的として行うものです。その年の最大需要電力に対する発電設備容量の比率を「設備率」と言いますが（要はどれだけ予備率があるかと似た意味です）、フランス、ドイツ、イタリアなどヨーロッパ各国が自由化を開始した年の設備率は1・5を上回っていました。その年の最大需要電力をまかなうのに必要な設備の1・5倍もの設備が形成されていたということになりますので、かなり「メタボ」であったと言えます。

そのため、自由化当初は事業のスリム化による電気料金低減効果が見られたところもあるようです。しかし、しばらくすると規制緩和によって燃料価格や環境対策費など様々なコストを料金転嫁しやすくなることの影響が大きく見られるようになると理解するほうが自然でしょう。ドイツなど自由化した諸外国で、長期的には自由化による電気料金引き下げ効果が見られないことは、第1部でお伝えした通りです。

設備率に余裕がない状態（設備率1・06）で自由化を導入したアメリカのカルフォルニア州においては、自由化後適切な設備投資がなされず、大停電を経験しました。関係者には「自由化の大失敗」として語り継がれている事例です。

規制を廃止することで、ユニークなビジネスモデルが生まれたり、思ってもみないプレーヤーが参入してきたりすることもあるでしょうから、自由化を否定するつもりは全くありません。自由化によって電力会社が民間企業らしいダイナミズムを取り戻すことも期待できると考えています。

しかし今、日本は原子力発電所が稼働しておらず、慢性的な供給力不足です。この状況で自由化することは、病気で体力が落ちている人に外科手術をするようなものとも言え、相当緻密な制度設計をしないと、メリットよりもデメリットが勝るのではないかと懸念しています。

また、これまで電気料金を通じて実現してきた政策的意義をどう補完するかも、丁寧に議論する必要があります。

家庭用の電気料金は、低所得世帯への配慮として、ボリュームディスカウントとは全く逆の、使用量が少ないほど安い単価が適用される「3段階料金制度」が採られています。農事用の灌漑排水などに用いる農事用電力なども割安に設定され、農家の支援策となっています。

このように、電気料金は「電気の料金」という以上の意味を担ってきました。自由化した場合、こうした社会福祉政策的意義を電気料金に求めることはできなくなります。これまで電力会社を規制の下に置くことで、消費者が得ていたメリットを失わないようにするための補完的制度設計は、大変に難しいのです。どう補完するのか、補完しないのであれば消費者に対して丁寧な説明が必要になるでしょう。

発送電分離――現場力への配慮を

自由化した発電・小売部門の競争を促進するため、今までのような緩やかな発送電分離ではなく、2018~2020年を目途に、送配電事業者が「法的」に分離されることとなっています。

しかし電気事業は、設備を作り、保守することが基本の「現場」が主役の産業であり、発電から送配電、小売までがなめらかに運用される必要があります。

これまでは現場で受け継がれる「供給本能」が、日本の高品質の電気を支えてきました。今後は送配電事業者が供給責任を負うので、安定供給に問題はないとされています。しかし、送配電事業者が負う供給責任はいわゆる調達責任であり、電力システム全体の中で供給責任を負うと自覚する人が少なくなることの影響は防ぎ得ないのではないかと懸念しています。

東日本大震災で甚大な被害を受けた東北電力の、復旧への取り組みについて電力中央研究所が行ったユニークな研究があります。

震災直後、青森、秋田、岩手、宮城などの各県では軒並み95％以上、管内全体では全需要家の８割にあたる約４５０万戸が停電したのですが、それを３日で約80％、８日で約94％と驚異的な復旧を果たしています。

災害からの電力復旧に際しては、単に設備を修復すればよいわけではありません。病院や警察、消防署などの公共機関の状況を確認して復旧の優先順位づけをする、電気を再送することで火災が起きたりすることのないよう（例えば、地震で倒れた電気ストーブにそのまま通電してしまったりしたら大変です）、需要家側の設備の安全を確認しながら進める必要があります。そのため、設備復旧の技術力のみならず、綿密な作業立案能力、コミュニケーション力など総合的な現場力が必要となります。

この研究は、東北電力宮城支店への聞き取り調査を実施し、発電・送電・配電・総務・広報・営業といった全部門が情報を共有したことが素早い復旧につながったことを指摘しています。

今、世の中では、日本の製造業を支えてきた現場力を再評価し、これをより強化することにこそ生き残りの道があるとする論が多くあります。一言で現場と言っても様々で、製品の性質に合わせて、自動車などは全体の最適設計のために部門間の密なコミュニケーションが必要とされる「摺り合わせ型開発」、パソコンなどは部品の組み合わせなので分業化した「モジュール型開発」が適するとする説もあります。

私の実感として電力は前者の「摺り合わせ型」が適しているように思います し、東日本大震災や2016年4月に起きた熊本地震など数々の自然災害時の復旧作業を見ても、部門間の緊密な連携や調整は電気の品質維持に極めて重要であると言えるでしょう。発送電を分離したあとにも生産から消費まで一体的でなめらかな運用が可能となるよう、制度設計には慎重な配慮が必要です。

適切な投資は進むか

電気事業は設備産業と言われ、設備投資の負担が非常に大きい事業です。これまでは総括原価方式によって投資を安定的に回収できましたが、自由化し、投資回収の見込みが立たなくなると、電源開発に適切な投資が行われなくなる可能性があります。実際にドイツでは、火力発電所の閉鎖が続き、原子力発電所の停止と相まって、電源不足が懸念されていることは、59ページでご紹介しました。

特に、原子力のように初期投資の莫大な事業は、自由化すれば手を出す事業者がいなくなってしまいます。イギリスでは、自由化以降原子力発電所の新設がなく、温暖化対策のために石炭火力の早期廃止なども予定されていることから、電源不足に陥る懸念が強まり、再エネと同様、原子力の電気を政府が固定の価格で買い取ることを保証する制度を導入しました。政府と事業者の間で交渉が行われ、現在、市場で取引されている価格のほぼ倍の値段で35年間の買い取りを約束することとなりました。この制度の創設により、25年ぶりの原子力発電所の新設が決まりました。

自由化した各国は今、電源不足を防ぐために、設備を建設・維持することに対して一定の報酬が支払われる市場の創設を検討しています。日本でも議論はすでに始まっています。電源開発には長い時間と莫大な投資が必要ですので、それが適切に行われるためにはどのような制度的手当が必要か、今から議論をしておく必要があります。

電気事業のファイナンスコスト抑制

総括原価方式のメリットは、適切な投資を確保するだけではありません。そもそもの目的は、公共事業者の「儲けすぎ」を防止するとともに、公共事業を担う会社の財政基盤を安定させて資金調達コストを低廉化するというものでした。電力だけでなく、鉄道・ガス・水道、そしてＮＨＫの受信料などにも用いられています。この資金調達コストというのは、大規模な投資を必要とする公共事業においてはバカにならないものです。

例えば、住宅ローンの金利が１％違うと総利息額がどれくらい違ってくるかご存じですか。2500万円を金利2・5％と3・5％で借りた場合を比較してみましょう。元利均等、ボーナス併用払い、ボーナスでの負担率20％で計算してみると、支払う利息の額は486万円も変わるのです。

電力会社の設備投資額は住宅ローンとは桁違いに大きく、電力9社の有利子負債を約25兆円（2013年3月期）とすると、このお金を借りてくるための金利が1％違えば2500億円の違いが生じることになります。そのコストは電気料金で回収せざるを得ません。「電力の鬼」と呼ばれた松永安左エ門も「金利の高低は、実に電気の原価を左右する」と言っていたそうです。

電気事業が、投資できるかわからない不安定な状況に置かれれば、当然銀行を含めた金融市場は「高い利息を払ってくれなきゃお金を貸さない」ということになります。総括原価方式、そしてちょっと専門的ですが電力会社の社債の「一般担保」（196ページ参照）という有利な資金調達を可能にしてきた制度を廃止すれば、上昇した資金調達コストは消費者が負担することになります。

諸外国で自由化によってファイナンスコストがかえって低下したと主張する向きもありますが、市況が金利低下の局面であったからと見たほうが正しいでしょう。大規模投資を必要とする電気事業においては、安定的な資金調達をどう確保するかは、電気料金に直結することは認識しておく必要があります。

再エネの導入拡大はどのように図られるべきか

日本の突出して低いエネルギー自給率を考えれば、再エネの拡大は当然やらなければなりません。しかし、それが重要であるからこそ、費用対効果を高く、効率よく拡大を図らなければなりません。

再エネの導入拡大はどのように図られるべきでしょうか。FITについては、早急に現在指摘されている問題点を改める必要があります。すなわち、買い取り単価を諸外国並みに見直すこと、買い取り単価の見直しの頻度を現在の1年もしくは半年に一度のところをドイツのように毎月行うこととすること、そして国民の負担上限を明示し上限に達した時点で制度の見直しを図るべきだと考えます。2016年のFIT法改正ではまだ不十分です。

168ページで書いた通り、当面日本の電気料金が下がることは期待できません。電気料金全体の推移と、それによる国民生活への影響を見て、検討するステップが必要です。

消費者に強制的に負担を転嫁するのではなく、支払い意思のある消費者から寄付金という形で徴収する制度も有効でしょう。2000年から約10年にわたって実施された「グリーン電力基金」という制度は、一口500円から、加入の意思表示をした消費者が電気料金に乗せて寄付金を支払い、電力会社がそれと同額を拠出し、基金を通じて自然エネルギーの発電設備に助成するシステムでした。一時期は約5万口の加入があったそうですが、FITの検討が始まるなどのタイミングで終了となりました。現在は再エネの普及を強く望む消費者も多くいるので、こうした仕組みを導入すれば多くの加入者が集まるのではないでしょうか。

再エネの導入は、消費者負担を抑えながら効率よく、かつ、全体のバランスに配慮しながら進める必要があります。

電力利用のスマート化で気をつけるべきこと

2013年2月、電力システム改革専門委員会報告書は、これまでの「需要に応じていくらでも供給する」発想は限界であり、節電やデマンドレスポンスといった需要側の工夫や分散型電源に対する期待が高まったと指摘しました。電気が足りないときには値段を高くする、価格メカニズムによる需要コントロールは、消費者にエネルギーコストを意識してもらう機会を創ることにもなりますし、新しい事業の拡大も期待されます。

しかし、どこまで期待できるかには、注意が必要です。110ページでご紹介した通り、実証実験では電気料金を3～10倍に引き上げても、電力使用のピーク抑制効果は20％程度しかありませんでした。

今後、節電した電力量を発電したのと同様に取引する「ネガワット取引」などが普及すれば、消費者参加型の需要コントロールにはずみがつくことでしょう。すでに節電分を売却しようとする工場などの大口需要家と電気事業者の仲介をする「アグリゲーター」というビジネスモデルも見られるようになりました。

ただ、電力システム改革が目指すように、節電分の電気が公開の市場で取引されるほどに発展するかどうかには疑問があります。まず、どう正確に節電分を計測するのか。その日そのときその場所で使われたであろう電気の量は、いくら過去の実績などを参照しても「推計値」でしかありません。今のアグリゲータービジネスは事業者と大口需要家の間の契約ですから、ルールを決めて「でこぼこあるかもしれないけれど、お互いが納得すればよい」という範囲で運用すれば問題ありませんが、これを市場一般で取引されるように拡大していくには、まだまだ議論の必要があります。

それよりも私はむしろ、息の長い需要抑制策となる地道な省エネを促す仕掛けが必要だと考えています。電力システム改革の議論の範囲を超えてしまいますが、様々な省エネ技術に対する長期的投資を促進し、その普及拡大を図るような社会全体の省エネ化が必要でしょう。

省エネへの期待

日本は世界一の省エネ大国であり、「乾いた雑巾」と表現されます。ただし、それは世界の企業と競争している日本の産業界の話。オイルショックで電気料金が5割以上高騰したので、海外企業との競争に勝ち抜くために産業界は徹底

図3-1主要耐久消費財の普及率(一般世帯)

冷暖房器具・住宅関連器具

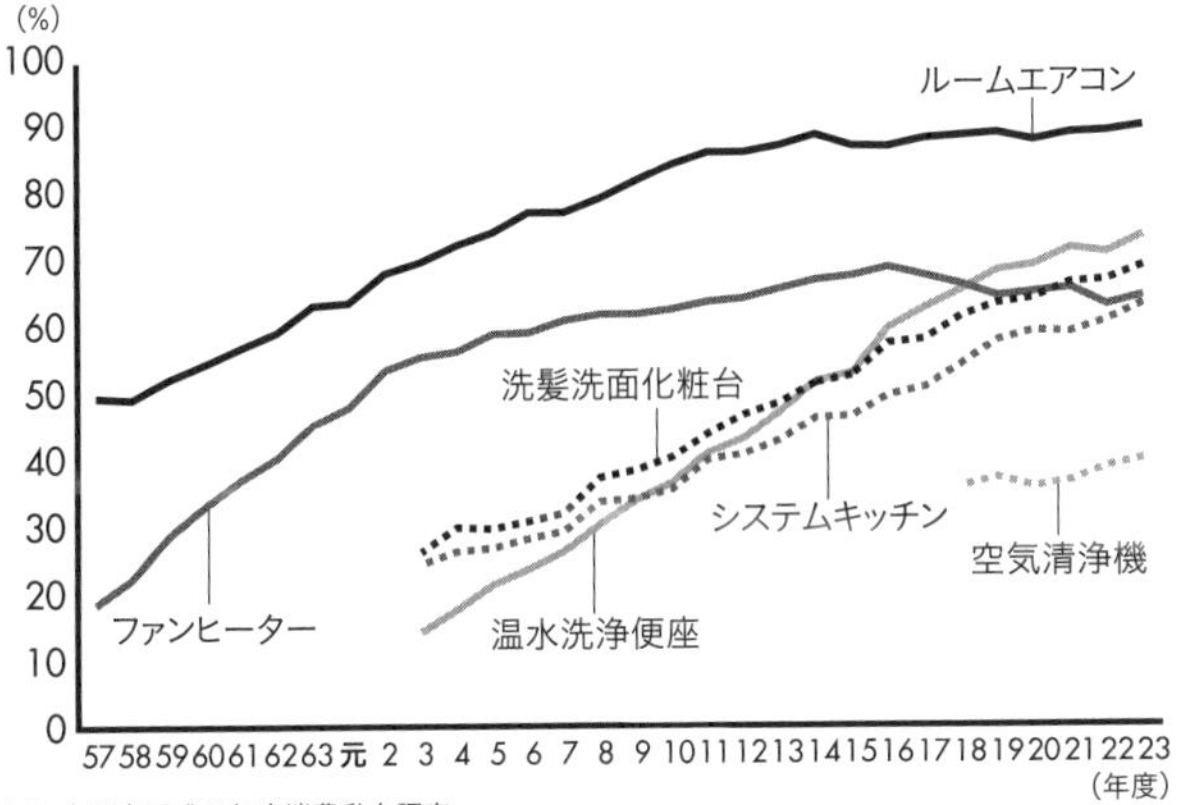

出典:内閣府平成24年度消費動向調査

的な省エネを行いました。しかし、住宅・建築物部門にはそうした競争はなく、生活の質の向上に伴ってエネルギー消費量は過去20年間で著しく増加しました。

例えば1970年における家庭のエアコンの普及率はわずかに7%でしたが、2011年においては普及率約90%、一家の保有台数は2・6台を上回っています。様々なデジタル機器、空気清浄機や温水洗浄便座など、一昔前にはなかった電気製品がオフィスにも家庭にもあふれています(図3-1)。家庭やオフィスビルなどのエネルギー消費量は第1次オイルショック時の1973年から2・5倍以上に増え、今や最終エネルギー消費の約3分の1以上を占めています。

２０１１年に各電源のコストを検証した政府の委員会では、エアコン、冷蔵庫、ＬＥＤへの取り換えで１kWh節約するのに必要な「省エネコスト」も確認しました。白熱電球からＬＥＤへの買い換えなど、一部の省エネは発電よりもコストが安いことが指摘され、潜在的な可能性は大きいとされたのです。今後さらなる検証が必要です。

こうした機器の効率化や、すでにご紹介したＨＥＭＳやＢＥＭＳだけではなく、この部門の省エネのカギは建物の断熱性能向上であると言われています。

実は日本の家庭で消費されるエネルギーのうち、約４分の１は冷暖房を使うことによるものです。そのため、家庭でのエネルギー消費を減らすには、①器である建物の省エネ性を向上させること　②使用する機器の省エネ性を向上させること　③使い手のモッタイナイ精神を高めること、の３つの側面からのアプローチが必要です。日本の建物の燃費はもっと向上できると指摘されています。エアコンの性能は飛躍的に向上したのに、住宅の断熱性能や気密性能がそのままでは、あまりにもったいない話です。

断熱性能を向上させるためのリフォームと言うと大がかりなものを想像しま

すが、例えば窓ガラスを1枚ガラスから複層ガラスに変える、サッシの枠を金属製から木製に変えるだけで断熱効率は飛躍的に高まりますし、最近は断熱効果のある塗料なども開発されています。日本のガラスメーカー3社が製造する「エコガラス」を戸建ての一般住宅に採用すると、最大で1年間9万円の暖冷房費用が節約できるとも試算されています。躯体補強が必要になればコストが跳ね上がってしまいますので全体での見合いが必要ですが、建物の断熱性能を高めれば結露やカビの防止にもなり、居住者の健康増進にも役立つことがわかっています。「日本建築学会環境系論文集」に記載の研究によれば、国が定める最新の住宅の省エネルギー基準以上と評価できる住宅に転居した人の有病率は、グラフのように改善したそうです（図3-2）。

ヨーロッパでは、住宅・建物のエネルギー消費量が全体の約4割を占めていたため、そのエネルギー効率を向上させることを2002年に共通政策として掲げ、各国が建物の省エネ基準強化に取り組んできました。

特にドイツは、既存の建物の省エネリフォームに対する補助金等の支援に加え、2013年の改正エネルギー節約法令では、新築の建物の一次エネルギー

図3-2 断熱・気密性能の向上による疾病有病率の変化と改善率

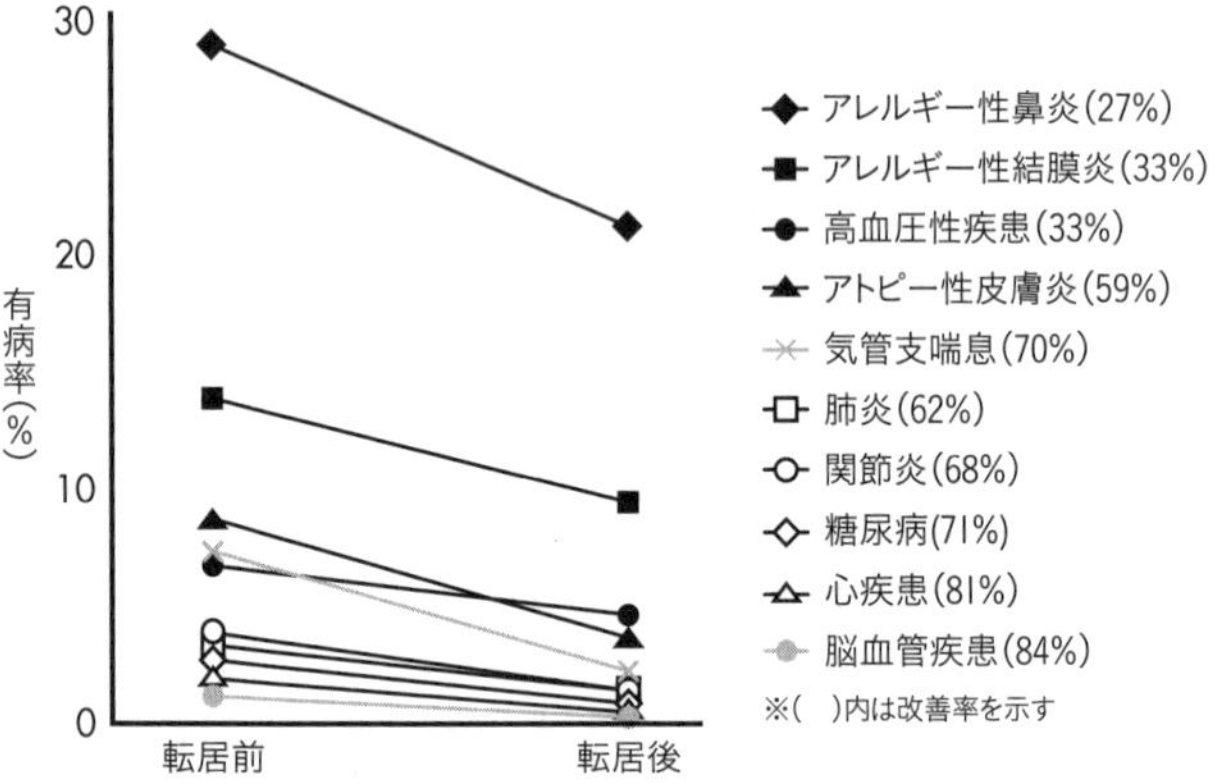

出典：伊香賀俊治ほか「健康維持がもたらす間接的便益（NEB）を考慮した住宅断熱の投資評価」日本建築学会環境系論文集第76巻第666号、p.p.735-740、2011年8月

消費量を２０１６年までに25％削減することを目標としました。省エネにかかるコストにより、不動産価格や家賃が高騰することを懸念する声もありますが、エネルギー効率を改善するためには、ある程度強制力を持った促進策が必要という方針です。

日本でも２０１３年、14年ぶりに省エネルギー基準が改正され、住宅・建物の省エネ性能が一目で比較できるよう指標が統一されました。車を買うときに燃費が大きな判断要素になるように、建物の燃費を比較して家を買うことが当たり前になるでしょう。２０２０年には、新建築物は改正省エネ基準に適合していることが義務化される予定です。日本の建物の進化が期待されます。

エネルギー政策の議論では、どうしても供給側に目が向きがちです。省エネや需要コントロール策は、国民一般を巻き込む必要があり、費用対効果が悪い、あるいは、不確実性が高いとされてきたのです。しかし東電福島原子力事故という大きな経験をした今こそ、こうした取り組みを発展させるべきではないでしょうか。

2 原子力事業は誰がどう担うのか

東電福島原子力事故をきっかけに、それまで日本の電源の約3割を担ってきた原子力発電事業の先行きが不透明になっています。エネルギーのベストミックスの一翼を担ってきた原子力の先行きが不透明であるがゆえに、全体像が描けずにいます。

事故リスクが一企業に担いきれるものではないほど大きいこと以外にも、規制の不確実性（安全対策をどこまで実施すれば稼働できるのか、「40年廃炉ルール」の詳細が不明確なことなど）や、運転差し止めを求める訴訟の頻発により、原子力事業に対するファイナンスも不確実になっています。

これほど不確実性の高い事業を民間事業者が担っていくことは、果たして可能なのでしょうか。ここでは、原子力の必要性については議論しません。日本のエネルギー政策上、原子力が必要であるとしても、それをこれまでのように民間事業者が担っていくことは難しいということを、原子力事業に関する数多くのリスクの中から事故の際の賠償を例に、問題提起をしたいと思います。

これまでの原子力事業体制

これまで日本の原子力政策は、政府と電力会社が一体となって進めてきました。原子力は単なる発電の一方途ではなく、核物質管理やエネルギー安全保障など、国家レベルでの政策全体の中で考えなければならない複雑さを有しているからです。

そのため、安全性や適切な事業運営を担保する制度の整備と規制の実施、立地支援、技術開発など様々な政府支援を背景に、電力会社が事業主体となってきたのです。「原子力平和利用のモデル国」と言われるわが国では、放射性廃棄物処理や使用済み燃料再処理、原子炉の廃炉など「バックエンド事業」と言われる、収益をあげる構造にない事業も、民間事業者が電気事業の一環として担ってきました。いわゆる「国策民営」と言われる形態の下で、原子力事業は発展してきたのです。

双方の役割・責任の分担が不明確になり甘えが生じやすい構造ではありましたが、目指すエネルギーバランスを実現するための推進力は、強力だったと言えるでしょう。

電力会社は政府と一体であることを信じていましたが、東電福島原子力事故以降の国の対応は、それまでと全く異なるものでした。電力会社は、平常時は国策民営を足かせと思いつつ、いざというときには国が守ってくれると期待していましたが、そうではなかったのです。

東京電力は「死ねない巨人」

深刻な原子力事故を起こした東京電力は、莫大な賠償と除染作業や廃炉の負担などを背負うこととなりました。まだ事故の全体像が見通せていませんが、すべての負担を合わせると、22兆円を超えるまでに膨らむとも指摘されています。

本来なら法的整理になっているところでしょうが、東電が整理されると、もともと東電がしていた借金（発行していた社債等）の返済が優先されて被災者の賠償に資金が回らなくなる懸念があること（電力会社が発行する社債には「一般担保」と言い、ほかの債権に優先して弁済されるという先取特権が設定されています。この一般担保によって、低利での社債による資金調達が可能とされてきました）、事故収束や電力の安定供給継続に支障が出る懸念があることなどから、現在国は東京電力に資金を貸し付けることで支援しています。東京電力はその借金を今後数十年間国に返し続けることとなります。

福島の事故はあまりに甚大で多くの方の故郷を奪うことになりましたから仕方のないことではありますが、日本の首都圏の電力供給を担う企業の経営状況としてはあまりに不健康であると言わざるを得ません。

原子力事故の賠償責任は誰がどう負うべきなのか

原子力発電を行う世界の多くの国では、原子力事業者が無過失であっても賠償責任を求めるなど厳しい責任要件を定めています。その一方で、原子力事業者の賠償責任額は一定に制限し、それを超えた場合には国家が被害者に補償する制度をとっています。

本来は、災害を起こした企業がすべての賠償金を支払うのが筋です。しかし、事業者が倒産してしまえば被害者は救済されませんので、エネルギー政策のために原子力が必要であると国が認めた以上、最後は国家が出ていって被害者に補償しましょう、という趣旨です。

日本も、原子力損害賠償法制定前の法学者たちの意見では、「原子力の平和利用という事業は、（中略）利益は大きいであろうが、同時に、万一の場合の損害は巨大なものとなる危険を含む。従って、政府がその利益を促進する必要を認めてこれをやろうと決意する場合には、被害者の一人をも泣き寝入りさせない、という前提をとるべきである」として、国家の責任ある関与を求めていました。しかし、どれほどに膨らむのかわからない原子力事故の負担を国が負うことを避けたかった大蔵省（現、財務省）の反対により、事業者が無限の責任を負い、国は「必要と認めるときに支援する」という曖昧な法律になったのです。東京電力は現在、無限の賠償責任を背負っています。

本来民間事業者であれば、「こんなことでは怖くて原子力発電などやれない」と居直り、国の関与を明確にしておかねばならないところです。

実際アメリカでは、政府が原子力発電の導入を検討していた段階で事業者から「事故時の賠償責任は一定額で制限しそれ以上は国家補償としなければ、民間から原子力事業に参画することはできない」と政府が突き上げられ、民間保険のカバー額以上の被害は国家補償すると定めて事業者の参画を促したのです。

ところが、日本の電力会社は無限責任を負うことに抵抗らしい抵抗もせず、むしろ立地地域の方々に安心してもらい発電所の立地を促進するために無限責任を積極的に受け入れました。安価な電力を大量に供給できる原子力技術は日本のために必要だとする「供給本能」がそう考えさせたのでしょう。また、「国策民営」なのですから、国の積極的関与を期待するのは当然ではありました。しかし、やはり民間企業としては脇が甘かったと言わざるを得ません。

独立した安全競争を

現在のアメリカの原子力損害賠償制度においては、どこかの事業者が事故を起こすと、ほかの原子力事業者が保有する原子炉の数に応じて資金を拠出せねばならないことになっています。ほかの事業者の事故が自身の経済的負担となるため、事業者の「ピア・レビュー」と言われる相互チェックが安全性向上に非常に有効に機能しているそうです。実際に技術を有する事業者同士の連携によって、常に原子力安全が進歩する仕組みができているのです。

しかし日本の原子力事業は、規制者である国と被規制者である事業者による閉じた関係でした。事業者は規制に縛られ、マニュアルに縛られ、いつの間にかお上からのお墨つきを得ることが目的化したように見えます。

賠償制度の見直しにあたっては、日本の電気事業者もアメリカのような仕組みを積極的に取り入れることを、政府に働きかけていくべきではないでしょうか。

東電福島原子力事故により、この賠償制度には様々な問題点があることが明らかになりました。政府は重い腰を上げ見直しに向けた議論を開始しましたが、まだ改正されていない法律のもとで、国も電力会社も、再稼働を行おうとしています。

原子力事業に対する国の覚悟を問うべき

現在の原子力損害賠償制度の問題は、電力会社の経営上リスクが大きすぎるというだけにとどまりません。被災者の救済も不十分となり、消費者の負担も大きくなってしまうのです。

被災者の救済が不十分という理由は、原子力災害は被災された方たちの地域、家庭、職場という「場」を奪うという点にあります。東京電力が被災者一人ひとりに十分な賠償金を支払ったとしても、地域コミュニティーの再建は果たせません。原子力災害のような広範な環境汚染問題に対処し、地域を再生するには国の関与が不可欠です。

消費者の負担が大きくなるという理由は、賠償等にかかる費用を税金で捻出しようとすれば政府は説明責任を求められますが、電気料金の負担であれば政府はその責任から逃れ得てしまうことにあります。

例えば現行の制度では、除染作業にかかる費用もすべて東京電力に請求書を回せばよいこととなっていますので、関係者が効率的に作業しようというモチベーションを持ちづらい構造になっています。除染費用が膨らめば消費者の負担が大きくなり、また、作業が長期化すれば被災者の方たちの帰還が遅くなってしまいます。

今の原子力損害賠償制度は、様々な葛藤があった中で最後は「国のエネルギー政策に協力する」として原子力関連施設を受け入れた立地地域の方たちを十分に安心させるものではありません。立地地域の方たちも事業者も、国が、さらに言えば国民が原子力事業を「その利益を促進する必要を認めてこれをやろうと決意する」のか否か、覚悟を問い直す必要があるでしょう。

3 今後電力システムはどうあるべきか

資源がないのは、絶好のチャンス

これから間違いなく電気事業は変革のときを迎えます。既存の電気事業者にとっては、従来の価値観からすればピンチの連続かもしれませんし、私も懸念される事項をたくさん指摘しましたが、とらえ方によっては大きなチャンスです。今後日本の人口は減り、徐々に需要は尻すぼみになっていきますので、これまでの事業形態のままでは縮小の道しかなかったでしょう。

しかし、全面自由化され、新たなビジネスにもチャレンジしやすくなるでしょう。海外の電気事業者も日本の市場を狙っていますが、日本の電気事業者も総合エネルギー企業としてこれまで以上に世界に積極的に打って出ればよい。日本国内の供給義務にこだわることはもうないのです。

消費者にとっても、変革のときです。これまで電力会社に不満があってもそこから買うしかありませんでした。これからは選ぶ自由と選ぶ責任を手にし、購買行動で電力システムや電力会社を変えていけるのです。これまでは使いたいときに使えるだけ使い、電気は誰がどこでどうやって作っているのかに思いを馳せることなく過ごしてきてしまいましたが、これからは選択する自由を手にし、責任を負うのです。

電気事業者がさらなる効率性と安定供給を追求し続ける体質になり、消費者がエネルギーの作り方、使い方を真剣に考えるようになった世の中では何が起きるでしょうか。

私は、経済成長とエネルギー使用量の抑制の両立を達成することも不可能ではないかもしれないと思っています。日本の産業界は経済を成長させつつ電力使用量は抑制することに成功しました。その間、家庭やオフィスビルの電力使用量は増え続けてきましたが、産業界にできたことは日本全体でもできるのではないか。147ページに書いた通り、これまで歴史的に本当の「グリーン成長」を成し遂げたとされる国はありません。

しかし、日本に資源がないことは実は最大のチャンスかもしれません。ないからこそ考える。ないからこそ必死になる。必要は発明の母です。日本が今後世界の発展の在り方を変える存在になれるかもしれません。今こそ日本の底力を見せるときなのかもしれません。

補論

電力システムと電力会社の体質論

電力体質の不思議

会社の「体質」とはなんだろう。ずっと悩んできました。生まれも育ちも全く異なる4万人近い人の集合体が、どのようにして共通した「体質」を持つようになるのだろう。「当社はすでに分社化しています」というのが冗談には聞こえないほど部門間あるいは本社と現場で考え方が異なったりするのに、共通する体質はどのように醸成されるのだろう。内部にいるとそれぞれの会社の個性が目につくのに、世間の方には「うどんもそばもみな麺類」と業界全体の等質性を指摘されるのは、なぜなのだろう。

ずっと考えていたことが、退職して組織の外に出て、自分自身に染みついた何かに気がついたとき、少しわかったように思います。

体質を作るのは体制です。人は「この事業体制の下ではそれが合理的」という行動原理に従って行動します。長年の体制が、そう行動するのが必然的・合理的とする価値観を作り上げるのでしょう。東日本大震災と東電福島原子力事故によって世間の価値観は大きく変わりましたが、体制はまだ何も変わっておらず、従って電力会社の行動原理も変わらないままでした。最終的にはそれが電力会社が「変わらない」「懲りない」と見える理由だと私は考えています。

これまで電力システムがどのように電力体質を作ってきたのか、これから何を変えて何を変えずに残していけばよいのか。今後電力システム改革によって体制を変えるのであれば、その担い手にどうあってほしいのか、具体的に像を描くことも必要でしょう。

東京電力に勤務していただけの限られた経験であり、また、すでに現状は大きく変わっているかもしれませんが、私の目から見た電力の体制と体質論をご紹介したいと思います。

そもそも電力会社はベンチャー企業だった

電気事業には競争がないイメージがあるかもしれません。93ページでも触れましたが電気が人々の生活に入り始めた頃、電力会社はまさにピカピカのベンチャー企業でした。何の規制もない自由競争の中で少しでも有利な資金調達をし、電源開発と燃料調達にしのぎを削り、顧客を取り合い、合併を繰り返して発展してきました。

1930年代初頭には800を超える電気事業者が存在し、ひとつの建物の1階と2階に異なる事業者がそれぞれ配電線を引くという無駄が生じることもあったと言いますから、今の携帯電話ビジネスも真っ青の熾烈な競争が繰り広げられた時代は、たしかにあったのです。

激しい競争によって「安い電気」の要請は、満足されるようになりました。ところが一方では、安定供給に支障を来す状況も見られたため、1932年には電気事業者の連盟が作られ、また法律の改正も行われて過当競争時代に終止符が打たれました。このように、日本の電気事業は民間事業者の競争によって発展してきたのです。

その後、太平洋戦争によって電力は国家統制の下に置かれることとなり、終戦後もしばらく国家管理体制が継続しました。新たな事業体制についてはGHQや日本政府を巻き込んだ大きな論争となりましたが結局、地域ごとの民間電気事業者が発電から配電、小売まで一貫して行い、供給義務を負うことで落着しました。官が関与すると効率が悪くなるとして、「電力の鬼」と呼ばれた松永安左エ門という方が徹底して民間が活力ある経営を行う意義にこだわったと言われています。

国鉄は大赤字を抱え分割民営化されましたし、電電公社も肥大化して東西NTT、NTTドコモ、NTTコミュニケーションズに分割民営化されましたので、当初から民営にこだわったのは先見の明があったのでしょう。海外では電気事業は国営であることが多く、アメリカや日本のように民間が担ってきた例は世界的に見れば珍しいと言えます。

失われた民間らしさ

こうして1951年、いわゆる9電力体制がスタートしました（1972年に沖縄電力が設立され、10電力になりました）。大規模水力開発などに見られるように、当初は民間の活力ある経営が行われていました。今では電力会社はすべて横並びと言われますが、例えば中国電力は1966年独自に値下げを断行するなど、それぞれが自律的な経営力を発揮していたと評されています。資源貧国の日本においてはエネルギーはひときわ高い政策的重要性を持つため、国の万全なバックアップの下、民間企業が効率的・機動的な事業経営を行うのは合理的な仕組みだったのです。

それが1970年代のオイルショックの苦い経験や総括原価方式への慣れ、そして、原子力というほかの電源と比べて比較にならないほど国の関与が求められる技術の導入を拡大するに連れて徐々に民間らしさを失い、いわゆる「電力体質」と呼ばれる独特の気質に変わっていったと言われています。

やっぱり「供給本能」

電力社員の思考回路の中心にあるのは、第一部でご紹介した「供給本能」でしょう。供給本能については繰り返しお伝えしてきていますので、もう飽きたという方もいるかもしれませんが、それほどに電力社員の思考回路の根っこにあるものなのです。

1アンペアブレーカーというブレーカーをご存じでしょうか。公益事業といえどボランティアではありませんので、電気料金を支払えない消費者への電気の供給は停止せざるを得ません。しかし経済的事情のためにどうしても支払えないというご家庭には、この1アンペアで落ちるブレーカーの設置が社内ルールで許されていいます。必要最低限の照明だけでも使えるようにという趣旨で導入されたブレーカーです。電気を止められたご家庭でロウソクが原因の火災が起きてしまったことがきっかけだったと聞きましたが、何とか電気の供給を止めたくないという、電力社員の供給本能の発露に思えてなりません。この供給本能は現場力の源であり、電力社員に持ち続けてもらいたい「体質」だと私は思っています。

しかし電気は「同時同量」。例えば震災後の供給力不足にあって、予測できない大規模停電につながらなかったことは、計画停電の不便に耐え、それ以外の時間帯にも節電行動に協力した消費者のおかげでもあります。電力社員の高い責任感と現場力だけで安定供給が達成できているわけではないことは、もう少し認識されてしかるべきなのかもしれません。

法的な供給責任を負ってきたため、「自分たちが」の思いが強くなったのだと思います。それが、需給両面で調整するといった制度に任せられない一因かもしれません。価格が需要を調整する機能などを信じて大丈夫なのか、という気持ちが強いのだと思います。今後自由化が進み、デマンドレスポンスなど需要のコントロール策が進展すれば、同時同量は需要と供給の双方で成し遂げるものという意識が自然と強くなるでしょう。

高コスト体質

普通の企業であれば儲かるところに投資しますが、電力会社では基本的に安定供給を目的に投資判断をします。総括原価方式によってそのコスト回収が確実にできると見込まれるので、費用対効果の分析が甘くなったこともあるでしょう。安定供給至上主義と総括原価方式によって高コスト体質になったことは否めません。

さらに言えば、公益企業の性として、「稼ぐ」という意識は欠如しがちです。電力社員の多くは、電気を「送る」とは言っても「売る」とは言いません。これは無意識のうちに電力を公益のものと考える電力社員の美徳を表す一方、稼ぐ意識の欠如を表しているように思います。

電力を自由化したアメリカで、電気を金融商品として取引することで急成長し結局破綻したエンロンという会社がありました。自由化した市場では電気が足りなくなれば価格が上がりますので、買収した発電所のオペレーションを操作して電力不足の状況を作り出し、価格を釣り上げていたことが明らかになったことがあります。電力でこのように儲けようとする人がいることにいちばん驚いたのは、日本の電力会社の社員だったかもしれません。体制が体質、思考回路を作る顕著な例と言えるでしょう。

しかし自由化が本格化するにつれ、各社とも盛んにオール電化営業を行い、電気を売る努力をするようになりました。営業活動にかかる人件費を電気料金で回収できるのかと批判する声も社内にあったものの、自分たちの商品を売る努力をすることで、電力社員のマインドは確実に変わりつつあったと思います。

ただ、私がコスト意識の低さをいちばん感じていたのは、仕事をスクラップしない、できないことです。コスト意識の低さと真面目さとが相まって、仕事増幅症であるのはたしかです。本来仕事は同じ成果をいかに効率よく出すかが重要であるはずですが、何かあるたびに本店所管部が対策を検討し、管理方策を全店展開するということになるため、現場の仕事はどんどん増えていきます。仕事の目的が、管理日報やチェックリストを埋めることと錯覚してしまうほどです。

福島第一原発の汚染水や廃炉の処理に、現場の社員・協力企業の皆さんが必死に立ち向かっていますが、何か事が起こると当然のことではありますが、再発防止のための管理策が施されます。これらがどんどん積み重なり、現場の負担が増えているであろうことは容易に想像がつきます。

マスコミの報道も、管理体制に穴や漏れがないかという観点がほとんどです。しかし、いかに効率よく同じ成果を出してもらうかの観点がなければ、もともとスクラップ&ビルドが苦手な電力社員がますますビルド&ビルドになり、現場が疲弊しきってしまうのではないかと危惧しています。効率を軽視しがちな「体育会系体質」は今こそ変える必要があるのではないかと思います。

官と民の間で

195ページに書いた通り、原子力事業は、これまで「国策民営」と呼ばれる特殊な事業体制で推進されてきました。数十年間この体制で生きてきた電力社員は、国を支える仕事に高い誇りを持つ一方、どこか消化しきれない「やらされ感」を抱えていたように思います。

もう10年以上前のことですが、東京電力が初めて「経営ビジョン」を描こうとしたとき、それまでの経営者が「電力会社にビジョンなど不要」と言い放ったというエピソードがあります。その本意は、ビジョンなどという横文字言葉の浮わついた感じがそぐわないということだったのかとも思いますが、電力会社に計画はあれどビジョンなし。言われたことを正確にこなす能力は高いものの、何をやるかはお上次第であったことも否定できないのではないかと思います。

こうした体質が非常時に、国と事業者との曖昧な責任分担として拡大されて露呈したのではないでしょうか。この福島の事故を技術的に検証することは私にはできませんが、自分なりに事故報告書を読んだり、東京電力がホームページ上で公開しているテレビ会議映像を繰り返し見たりして気づいたことがあります。

例えば、東京電力が事故直後の情報公開について自らの問題点を総括した資料の中に、「(爆発後の1号機原子炉建屋写真を公開した問題を受けて)清水社長は午後2時頃に官邸を訪問し、強い注意を受けた。これを契機として、清水社長は社内関係者に対し、『今後広報するときは、まず官邸にお伺いを立てて、官邸の許しが出るまでは、絶対に出してはならない』と指示した」という記述があります。

一刻も早い情報提供が必要なのですから、国は情報を官邸にあげさせてそこで判断するのではなく、判断できる責任者を現場に常駐させるべきでした。また、東京電力も「それでは時間がかかりすぎる」と反論すべきだったでしょう。被災者の方からすれば、国の関与も中途半端、現場を預かる東京電力の覚悟も中途半端に見えたのではないでしょうか。

自分がその立場で反論することができたかといえばできなかったでしょうから、あの非常事態における対応を後知恵で批判・非難することは慎まなければなりません。しかし、これだけは言えると思います。「国策民営」「官民一体」が持つ「みんなで協力し合って」という美しい言葉の曖昧さ、その体制の下に醸成された国と電力会社の「中途半端な責任分担」が指揮命令系統の混乱をもたらしたのであれば、その体制を変える必要があるのではないかということです。

東電社員はもちろん、電力会社社員、原子力技術に関わるメーカーの方々、政府の関係者、そして原子力発電所の立地地域の方々にも、事故報告書やテレビ会議の映像をご自身の目で見ていただきたいと思います。電力会社に限ったことではなく、大企業では大勢の関係者による合議制でモノを決めていくものでしょう。しかし、非常時にはそれが通用しません。国策民営でさらに意思決定プロセスが複雑化した原子力事業の危機管理の在り方、コミュニケーション、組織マネジメントは根本から考え直さねばならないと痛感します。

今後も原子力技術の利用を継続するのであれば、万一同じ状況に置かれても指揮命令系統が混乱することのないよう役割分担を整理し直し、それを立地地域の方々や消費者に丁寧に説明しなければなりません。再稼働に不安を感じる方が多いのも、こうした根源的な問題について改善が図られていないのではないかという思いが底流にあり、国にも事業者にも信頼を置けないということではないでしょうか。

チャレンジは失敗のもと

電力はインフラ中のインフラ、国の経済を支える血液ですから失敗は許されません。法で定められた供給義務を果たすために「確実性」が何より優先されます。その裏返しでしょうか。電力会社の人は失敗を極度に嫌います。失敗が好きな人はいませんが、普通の競争社会ではリスクなき利益はありません。基本的に競争がない公益事業である電力会社の発想は「チャレンジは失敗のもと」「だからやらない」になりがちでした。

東電福島原子力事故以降の需給検証において、供給力不足を懸念する電力会社に対し、有識者と言われる方たちが「今の供給力で十分やれる」「十分な発電能力があるのに隠している」と批判している様子が報じられました。電力会社の試算根拠や主張はほとんど報じられませんでしたが、主張の食い違いを端的に表現すれば、電力会社は120％の確度でできる状態になって初めて「できます」と言い、世の中一般の方は80％の確度で（少ない方では1％でも）できる可能性があれば「できます」と言ってしまうことでしょう。責任を負っている者と負っていない者の違い、と言ってしまえばそれまでかもしれません。

ただ、これまでは総括原価方式や地域独占の下、電力会社は120％の確度を手にするためのコストや時間的猶予を消費者の負担によって与えられてきました。しかし全面自由化を機に、消費者も「新しいサービスを試す」「電力会社間を比較する」などの行為を活発に行うことで、電力会社もチャレンジせざるを得ない環境に追い込まれることでしょう。それがまた消費者の選択肢を豊富にするという好循環が生まれます。義務としての安定供給ではなく、選ばれるための安定供給は、それに伴うコストも変わってくるはずです。消費者がかかわることで電力システム改革が「魂の入った」ものになるでしょう。

「『電』の付かない人と交われ」

電力業界はあまりに巨大産業となりました。内部で何でも処理できてしまいますし、逆に内部の調整に膨大な体力と時間が使われます。

『電』の付かない人と交われ」。何代か前の東京電力の社長が社員への訓示の中で述べた言葉です。どこの業界、会社でもあることでしょうが同じ価値観の集団で話していたほうが心地よいですし、グループ企業、業界を含めた「電」コミュニティーはあまりに巨大なので、その中で閉じていても自分たちのつきあいの幅が狭いとは思わずに過ごしてしまいます。異なる意見の方とは接触せず、自分たちの理屈を自分たちで正しいと確認し合う。これでは、自浄作用は働きません。

電力会社の隠蔽体質が、繰り返し指摘されています。特に東京電力は、情報公開に大きく失敗してしまいました。これまでも繰り返し広報・コミュニケーションの重要性は指摘されていました。しかし、コミュニティーの内部で確認し合った自分たちが「正しいと信じること」を「説明する」という姿勢から抜け出せていなかったのだと思います。

事故の混乱が収まった今もなお、汚染水の情報開示などに失敗が続いています。失敗を嫌う彼らがなぜと思うほどです。原因は複合的でしょうが、ひとつには世間が情報のスピードと正確性をどれくらいのバランスで欲しているのかを、今も実感できておらず、「チャレンジは失敗のもと」精神で、わからないことについてはとりあえず黙ってしまうのだろうと思います。リスクコミュニケーションは問題を認識した時点で、自分たちが問題の存在を把握していることを世間に示す必要があると言われています。しかし、中途半端な状態で情報を出すことは許されない、怖いと思う気持ちが勝るのかもしれません。

コミュニケーションほど、言うは易く行うは難しいことはありません。組織や仕組みを作ればいいわけではなく、人が地道にかかわり続けなければなりません。長い時間がかかります。今はとにかく真摯に消費者の声を聞き、愚直に情報公開に取り組むしかないでしょう。すでに改革は始まっています。この改革の進展に期待したいと思います。

今後、私たちの電力の担い手は

この補論では、電力会社の体質論を、その体質を作った体制を踏まえてご紹介してきました。限られた経験と視野からのものですし、私の主観ですので、違和感を持つ方もいらっしゃるでしょう。それでもあえてこの補論を書いたのは、電力会社社員の思考回路には、それなりの経緯や必然性があることを知っていただきたかったからでした。

序で、「エネルギー政策の議論には、電気の物理的・技術的特性は当然のこと、外交や国際情勢、環境問題、経済学など、とにかく幅広い知識と視点が必要です」と書きました。電力会社は、電気そのものは当然ですが、燃料調達や温暖化対策、公共料金としての電気料金問題などを通じて、これまで少なくともそのすべての問題に接し、考え続けてきました。

今後、私たちのエネルギー問題を考えるにあたって、その知見を活かさない手はありません。国民的議論のスタートとして、電力会社と消費者の間のコミュニケーションが活発になることを祈っています。

おわりに

あなたが就職先を選んだ決め手は何でしたか。私は、お話を聞きに行った東京電力の先輩社員の一言が決め手になりました。

「地味な会社ですよ」。活字にしてしまうとニュアンスが伝わらないかもしれませんが、言葉の端から会社への愛着と仕事への誇りがじんわりとにじみ出ているように感じました。「学生のあなたの夢を壊したら悪いんだけど」と付け加えられた言葉もなんだかおかしくて、この会社の一員になれたらいいなと思ったことを覚えています。

入社5年目に東京電力が初めて実施した「人材公募」により、社有地である尾瀬の自然保護活動を担当することになりました。それから10年以上、日本有数の貴重な自然を有する尾瀬の自然保護に携わり、東京育ちの私が心から故郷と呼べる場所を持つことができました。尾瀬の山の中を歩き回って環境教育にも取り組み、地元の方に「日本一歩くOL」などと呼ばれるのも嬉しくて仕方なかったものです。その後、エネルギー政策における地球温暖化問題、国際交渉・貢献を担当。自然保護と地球温暖化というふたつの「環境」の分野にどっぷりと浸かり、本当に幸せな会社生活であったと思います。

そんなときに、福島第一原子力発電所の事故が起きました。事故後どれくらいの間、朝「事故は夢でありますように」と祈りながら目を開け、現実にがっかりすることを繰り返していたのか、今となっては思い出せません。東京電力で「環境」は除染を意味するようになりましたが、自分のそれまでの経験も知識も全く役に立たず、無力感と申し訳ない気持ちばかりが膨らみました。特に尾瀬の地元としてお世話になった福島の方たちには、もう顔向けができないとも思いました。

退職した理由は、自分でもうまく表現ができません。会社から離れて自分の頭でエネルギー政策を考えるとどうなるのだろうと思ったことは、大きな理由のひとつです。日本は原子力を使わなければ生きていけないというのは刷り込まれた考えなのか、自分の頭で考えた結果なのか、まっさらな状態でもう一度考えてみたい。マスコミにも世間にも会社のすべてを批判されるものの、何がどうダメなのか自分の頭で考えたいとも思いました。そして、事故後電力会社と消費者の間のコミュニケーションが成立しなくなっている中で、その「通訳」ができればとも思いました。この本でも、電力会社の思考回路をお伝えすることにこだわったのはそのためです。

退職後の2012年4月、朝日新聞に小論を掲載していただいたことがありました（230〜231ページ参照）。書いた意図は、東京電力の会社としてのお詫びの思いが福島に、世間の方々に伝わっていない理由を私なりに考え伝えたかったからでした。当時社員は、被災された方々やお客さまに、全身全霊でお詫びをし続けていました。ただ、国との距離が近かった経営層などにはどうしても、「原子力事業は国策だったではないか」という思いが小骨のように喉につかえていたように思います。会社や社員を守らなければという思いだったのかもしれません。

しかし、それが自己弁護の匂いを漂わせ、結果して会社としてのお詫びの思いを伝わらなくしているのではないか。99％の気持ちでお詫びをしても伝わらない。100％の気持ちでお詫びをしなくては話も、そして事故の反省も始まらないのではないか、という止むに止まれぬ思いでした。今、読み返せば小さいコラム欄に思いばかりがあふれ、かえって頑張っていた経営層や社員の気持ちを逆なでしてしまったかもしれませんが、被災された方たちや消費者に近い経営層や社員から「その通り」と言ってもらえたのは救いでした。

いろいろなものから逃げ出したい気持ちもあったと思います。東京電力が長年尾瀬の自然保護に取り組んできたことを知り、東京電力に対する信頼感を持って下さった方もいます。そうした方たちからの信頼を失った、という現実から逃げたかったのかもしれません。事故後、電話応対の仕事の応援に入ったときに言われた「東電なんて社会の害悪」という言葉も突き刺さりました。それまで公益事業であることに誇りを持ち、そこで自然保護や温暖化問題という社会全体の「環境」を考え続けていた分、受け止めきれなかったのかもしれません。

東京電力の社員は、それぞれに被災された方たちへの申し訳なさを背負っています。事故後、最初に補償手続き担当として福島に赴任した私の同期は、「殴られそうになることは何度もあるけれど、僕のことを殴って少しでも気持ちが軽くなるなら殴ってもらえばいいんですよ」と言っていました。休日福島の除染ボランティアに参加した上司は、言葉遣いで東電社員であることがなんとなく伝わってしまったらしく、地域の方々が気分を害されただろうかと居づらい思いで作業していたところ、「最後に『ありがとう』って言われちゃってね」と涙を浮かべながら話してくれました。事故を起こした福島第一の所員は、相当の長期間にわたって、所内のベニヤ板の簡易ベッドで寝泊まりしながら事故処理にあたっていましたし、なんとか無事に津波を乗りきった福島第二原子力発電所に赴任した社員の中にも、簡易ベッドすらなく職場の床で寝る日々を続けている人もいました。「体育館や避難所に皆さんを寝かせているんだから当然」と言って。

こうして踏みとどまっている人たちが大勢いるのに、私は踏みとどまることができなかったのだと思います。

自分が弱い人間だからそう思うのかもしれませんが、社員個人が「申し訳なさ」を背負うことからはもう解放してあげたい。それでなければいい仕事はできないとも思います。東電福島原子力事故の反省は徹底的にする必要がありますが、反省と申し訳なさを抱えることは別だと思います。

退職して、改めて何のしがらみもない状態で、福島の原子力発電所の事故のこと、エネルギー政策のこと、電力システムのこと、電力会社の在り方を考え続けています。社員であったときよりよほど考える時間が長くなりました。

東日本大震災と福島第一原子力発電所の事故から、明日3月11日でちょうど3年になります。今なお避難されている方が13万5000人もいらっしゃいます。被害の規模、長期にわたる避難生活、見えない放射性物質との戦い。家族や職場、地域という「場」をバラバラにし、人々の絆を寸断してしまいました。生活設計を狂わせ、賠償金で生活ができたとしても、農林漁業を中心に働く喜びを奪われた方も多くいます。

様々な点で、原子力災害はあまりに異質なものでした。いったん事故が起きたときの影響の大きさだけでなく、使用済み燃料の処分場がまだ選定できていないという問題もあります。そして私自身も、その現実が夢であってほしいなどと思いながら目を覚ます日々など、もう二度と経験したくないと思います。

気持ちは原子力発電などもう嫌だと思っても、エネルギー政策の3Eが染みついた頭は、脱原発を安易に口にすることを許してくれません。日本は燃料資源にはとことん恵まれませんでした。化石燃料、ウラン燃料のほとんどすべてを海外から輸入しなければなりません。ということは、貿易収支が燃料の輸入で常に圧迫されることだということです。モノづくり立国となり、高い付加価値の工業製品で外貨を稼げるようになったので、燃料を海外から買ってくることが可能になり貿易黒字も生み出してきましたが、そもそも電気は「あるのが当たり前」ではなく「ないのが当たり前」の国なのです。しかし、いつの間にか私たちは資源貧国であることすら忘れ、エネルギーがあるのを当たり前と考えるようになってしまいました。世界には電気を使えない人が約13億人もいて、電気がないために健康や生活を脅かされているというのに。

原子力発電所事故を経験し、そして、資源貧国である日本のエネルギー政策は今後どうあるべきなのでしょうか。これから私たちが回答を作っていかなければなりません。

お題目でない「国民的議論」が必要です。そのために、まず皆さんに自分たちの「ライフライン（生命線）」である電気の作られ方に興味を持っていただきたいと思っています。

長い旅を経てコンセントの向こう側からやってくる電気を、どんな人がどうやって作り、どこからやってくるのか想像してみてください。電気という商品はなかなか人の顔が見えませんが設備の陰に必ず人がいます。人の顔が見えてきたら、電気の使い方が変わってくるかもしれません。

オイルショック、経済成長、そして東電福島原子力事故。様々な経験を経て、私たち日本人がどんな社会を目指すのか。インフラ中のインフラと言われる電力の在り方は、社会の在り方を変えます。理想と現実のバランスが取れたエネルギー政策の議論をするべきときが来ています。

この本を読んでくださり、ありがとうございました。

２０１４年３月

竹内純子

追記）この本の執筆時はもちろん、私が環境・エネルギー政策の研究活動に身を転じるにあたり多大なるご指導とご支援を下さった故澤昭裕先生にこの第６版を捧げ、心からの感謝と哀悼の意を表します。

元東京電力社員
国際環境経済研究所主席研究員
竹内《たけうち》　純子《すみこ》

私は昨年末まで東京電力で働いていた。福島第一原発の事故が起きてから、東京電力の社員は誰もが自責の念を持ち、おわびの言葉を繰り返す日々を過ごしていた。私自身、人に会ったらまずおわびを口にするのが癖のようになっていたし、カスタマーセンターや補償相談窓口の担当者は電話口でも本当に頭を下げていた。

そのおわびに心がこもっていなかったとは思わない。しかし、それでも、会社としての「ごめんなさい」が、はっきりと伝わっているかと問われたら、「伝わっていない」と答えざるをえない。退職し、外から東京電力を見るようになって、あらためてそう思う。

らない謝罪の気持ち

初めて意味を持つ。伝わらなければ自己満足だ。

一介の元社員が言うのは立場をわきまえないことではあるが、あえて言わせていただく。東京電力の経営トップは自己弁護の意識を捨て、あらためて心の底から、会社としてのおわびを伝えていただけないだろうか。もちろん、謝って済む話ではない。しかし、謝らなければはじまらない話なのだ。

そのうえでプロとして、こうすれば事故を避けられたという点を正直に洗い出し、分かりやすい言葉で伝えていただけないだろうか。いま、東京電力社内には「福島原子力事故調査委員会」が設置されている。原発を何十年も運営

私の視点

私は事故当時、地球温暖化対策の部門に在籍していた。そのため、おわびの言葉を口にしながらも、心のどこかに「原子力は自分の担当ではない、事故は自分の責任ではない」という気持ちがあった気がする。会社の顔である経営陣の心の中にも、私のような自己弁護の意識があるのではないか。だから、いつまでたってもおわびの気持ちが伝わらない。

　子どものころ、注意されて謝罪の言葉をもごもごと口にした私を、父は「謝罪は、ことさらに大きな声とはっきりした態度で伝えなさい」と、強くたしなめた。気持ちは言葉と態度で相手に伝えて

伝わ

東電の経営陣

し、間近で見てきた事業者にしかできない、洞察と分析があるはずだ。国内だけではなく、世界中がその情報と知見に期待している。東京電力にとっては、反省と再生への意欲を示す数少ない機会だ。

　環境に配慮した経済的、安定的なエネルギー供給の実現を可能にする改革ならば真摯《しんし》に受け入れるべきだ。東京電力は自社の存続にこだわるべきではないと思う。

　だが、しかし、私は同社の再生を祈り、信じている。生命を賭して福島第一原発に踏みとどまった社員をはじめ、東京電力には誇るべき数多くのすばらしい仲間がいることを知っているからだ。

出典:朝日新聞 2012年4月28日

■熊谷徹「熊谷徹のヨーロッパ通信」日経ビジネスオンライン
http://business.nikkeibp.co.jp/article/world/20110418/219486/

■後藤久典（一般財団法人電力中央研究所 社会経済研究所）「日本の電気事業の災害対応状況（東日本大震災を中心に）」
http://www.icr.co.jp/jspu/5_goto%20shi.pdf

■財団法人 電力中央研究所、環境科学研究所、環境ソリューションセンター「発電所を困らせる水の生き物たち」
http://criepi.denken.or.jp/jp/env/seika/ikimono.pdf

■資源エネルギー庁「これまでの議論を受けて（エネルギー価格の需要変動量について）」
http://www.enecho.meti.go.jp/info/committee/kihonmondai/16th/16-5.pdf

■資源エネルギー庁「50Hzと60Hzの周波数の統一に係る費用について」
http://www.meti.go.jp/committee/sougouenergy/sougou/chiikikanrenkeisen/002_03_00.pdf

■資源エネルギー庁「わかりやすい『エネルギー白書』の解説」
http://www.enecho.meti.go.jp/topics/hakusho/enehaku-kaisetu/index.htm

■総合資源エネルギー調査会総合部会「電力システム改革専門委員会地域間連系線等の強化に関するマスタープラン研究会 中間報告」
http://www.meti.go.jp/committee/sougouenergy/sougou/denryoku_system_kaikaku/pdf/004_09_00.pdf

■田中慎吾「日米原子力研究協定の成立：日本側交渉過程の分析」
http://ir.library.osaka-u.ac.jp/dspace/bitstream/11094/12271/1/24-11_n.pdf

■大和ハウス工業株式会社「住まいの情報お役立ちコラム アンケート結果」
http://www.daiwahouse.co.jp/column/enquete/enquete_06.html

■西尾健一郎「節電は進んでいるのか――東京電力管内における需要減少量の試算」一般財団法人 電力中央研究所社会経済研究所ディスカッション・ペーパー
http://criepi.denken.or.jp/jp/serc/discussion/download/11020dp.pdf

■21世紀政策研究所　研究プロジェクト「新たな原子力損害賠償制度の構築に向けて」
http://www.21ppi.org/pdf/thesis/131114_01.pdf

■野中譲、朝野賢司「温室効果ガス2020年25%削減目標の経済影響評価について――中長期ロードマップ小委『中間整理』の論点の解明と今後の検討にむけて」一般財団法人 電力中央研究所社会経済研究所ディスカッション・ペーパー
http://criepi.denken.or.jp/jp/serc/discussion/download/11032dp.pdf

■松井英章「電力自由化と地域エネルギー事業――ドイツの先行事例に学ぶ」
http://www.jri.co.jp/MediaLibrary/file/report/jrireview/pdf/7041.pdf

■SPIEGEL ONLINE
http://www.spiegel.de/international/germany/solar-subsidy-sinkhole-re-evaluating-germany-s-blind-faith-in-the-sun-a-809439.html

参考文献

■朝野賢司『再生可能エネルギー政策論——買取制度の落とし穴』エネルギーフォーラム

■上野貴弘、本部和彦編著『狙われる日本の環境技術——競争力強化と温暖化交渉への処方箋』エネルギーフォーラム

■岡本浩、藤森礼一郎『Dr. オカモトの系統ゼミナール』一般社団法人日本電気協会新聞部

■橘川武郎『日本電力業発展のダイナミズム』名古屋大学出版会

■一般社団法人Think the Earth編著、Green Powerプロジェクト監修『グリーンパワーブック——再生可能エネルギー入門』ダイヤモンド社

■澤 昭裕『精神論ぬきの電力入門』新潮新書

■電力時事問題研究会『知っておきたい電気事業の基礎——再生可能エネルギー・安定供給・電気料金』一般社団法人日本電気協会新聞部

■養老孟司、竹村公太郎『本質を見抜く力——環境・食料・エネルギー』PHP新書

■李 賢映、上野貴弘著、杉山大志監修『失敗した環境援助——温暖化対策と経済発展の両立を探る』エネルギーフォーラム

■朝日新聞「原子力に平和の用途」(1948年2月29日)

■「外国の立法252号」(渡辺富久子「ドイツの2012年再生可能エネルギー法」)国立国会図書館調査及び立法考査局

■一般財団法人 日本エネルギー経済研究所「平成24年度電源立地推進調整等事業(諸外国における電力自由化等による電気料金への影響調査)報告書」
http://www.meti.go.jp/meti_lib/report/2013fy/E003213.pdf

■一般社団法人 日本経済団体連合会「環境自主行動計画〈温暖化対策編〉総括評価報告」
http://www.keidanren.or.jp/policy/2013/102_honbun.pdf

■一般社団法人 日本経済団体連合会「経団連低炭素社会実行計画」
https://www.keidanren.or.jp/policy/2013/003.html

■エネルギー・環境会議「コスト等検証委員会報告書」
http://www.enecho.meti.go.jp/info/committee/kihonmondai/8th/8-3.pdf

■環境省「国内制度小委員会 第9回会合 参考資料4 『ドイツ・英国における温室効果ガス排出削減について』」環境省中央環境審議会地球環境部会
http://www.env.go.jp/council/06earth/y061-09/ref04.pdf

■環境省「スターン・レビュー　気候変動と経済:概要」(イギリス財務省HPから引用)
http://www.env.go.jp/council/06earth/y060-38/mat04.pdf

■気象庁「第一次作業部会報告書 IPCC第5次評価報告書 第I作業部会報告書概要」http://www.data.jma.go.jp/cpdinfo/ipcc/ar5/index.html

誤解だらけの電力問題

2014年4月30日　第1刷発行
2019年1月30日　第6刷発行

著　者　　竹内純子

発行者　　江尻 良
発行所　　株式会社ウェッジ
〒101-0052
東京都千代田区神田小川町1-3-1
NBF小川町ビルディング3階
電 話 03-5280-0528
FAX 03-5217-2661
http://www.wedge.co.jp
振替00160-2-410636

ブックデザイン　TYPEFACE(AD渡邊民人・D小林麻実)
印刷・製本所　図書印刷株式会社

ISBN　978-4-86310-125-8　C0036